电网工程项目智能设计与造价系列

输电线路分册

袁敬中　主编

中国水利水电出版社
www.waterpub.com.cn
·北京·

内 容 提 要

《电网工程项目智能设计与造价系列》包括输电线路分册和变电分册。本书为输电线路分册，包含输电线路智能设计和造价两大部分，分为九章开展论述，第一章论述了输电线路设计现状；第二章论述了输电线路智能设计与造价概念；第三章论述了输电线路智能设计与造价体系；第四章论述了全息数据平台；第五～七章分别论述了输电线路智能路径规划设计、输电线路智能电气设计、输电线路智能结构设计；第八章论述了输电线路智能造价；第九章介绍了输电线路智能设计与造价案例。

本书可为从事电网工程项目设计、建设、管理、研究以及教育人员提供有价值的参考和有益的帮助。

图书在版编目（ＣＩＰ）数据

电网工程项目智能设计与造价系列. 输电线路分册 /
袁敬中主编. -- 北京：中国水利水电出版社，2022.11
ISBN 978-7-5226-0967-6

Ⅰ. ①电… Ⅱ. ①袁… Ⅲ. ①智能控制－电网－输电线路－设计②智能控制－电网－输电线路－电力工程－工程造价 Ⅳ. ①TM76②TM726

中国版本图书馆CIP数据核字(2022)第159001号

书　　名	电网工程项目智能设计与造价系列　输电线路分册 DIANWANG GONGCHENG XIANGMU ZHINENG SHEJI YU ZAOJIA XILIE　SHUDIAN XIANLU FENCE	
作　　者	袁敬中　主编	
出版发行	中国水利水电出版社 （北京市海淀区玉渊潭南路 1 号 D 座　100038） 网址：www. waterpub. com. cn E-mail：sales@mwr. gov. cn 电话：(010) 68545888（营销中心）	
经　　售	北京科水图书销售有限公司 电话：(010) 68545874、63202643 全国各地新华书店和相关出版物销售网点	
排　　版	中国水利水电出版社微机排版中心	
印　　刷	天津嘉恒印务有限公司	
规　　格	184mm×260mm　16 开本　9.5 印张　231 千字	
版　　次	2022 年 11 月第 1 版　2022 年 11 月第 1 次印刷	
定　　价	**82.00 元**	

序

　　我国电网设计技术历经几十年的发展和演变，从传统的手工绘制、计算机二维辅助设计，到目前发展到了数字化三维设计阶段。随着新技术的飞速发展，地理信息系统、海拉瓦全数字化摄影系统、建筑信息模型以及电网信息模型等新技术成功地应用到电网设计中，基于全球卫星定位系统的空间位置信息、高清卫星摄影图片、无人机拍摄图片等信息同样成为了电网设计的重要数据资源，为进一步实现电网数字化、构建电力物联网和新型电力系统奠定良好基础。

　　目前，我国电网建设从超高压时代迈入了特高压、交直流互联、柔性直流输电的新技术时代。远距离送电与城镇发展、乡村振兴，电力电子装备广泛应用，电网建设环境日益复杂，"通用设计、通用设备、通用造价""标准工艺，资源节约型、环境友好型""新技术、新材料、新工艺、工业化""标准化设计、工厂化加工、模块化建设""机械化施工、流水线作业"的实施，均对电网设计提出了更高的要求。

　　面对新发展、新要求，国内各电网公司加速能源互联网、数字电网、电力物联网、新型电力系统建设，大数据、区块链、数据孪生和人工智能等新技术的应用逐步深入。电网设计是一个适用大数据、区块链和人工智能等新技术广泛应用的专业领域，如何结合目前电网数字化三维设计的成功经验，采用大数据、人工智能、区块链、数据孪生、5G、VR、3DS、云雾边（端）缘计算、万物智联、镜像、图像识别、虚拟成像等先进新技术，大幅度提升电网设计工作的效率和设计质量是一个具有重要价值且亟待研究的课题。

　　基于上述背景，国网翼北电力有限公司经济技术研究院综合利用多种先进技术，在凝练电网工程设计的多年经验积淀和探索创新的基础上，开展电网工程项目智能设计方法研究与应用，编写了本系列丛书。丛书提出了基于全息数据新技术、适用于数字电网建设的智能设计理念，力求实现电网设计智能化以及设计与造价一体化发展，在电网设计与造价研究领域具有较高的学术水平和推广价值。

在此，我向广大读者推荐本系列丛书，希望可以为从事电网工程项目设计、建设、管理、研究以及教育人员提供有价值的参考和有益的帮助。

中电联电力发展研究院院长

前　言

　　自 20 世纪 60 年代交互式绘图系统的提出，到 80 年代初计算机辅助设计 AutoCAD 软件的诞生，图形设计技术发生了革命性的进步，图形设计和审查使设计效率大为提高。进入 21 世纪，计算机自动设计应运而生，与计算机辅助设计 CAD 相比，计算机自动设计使辅助系统闭环，从而自动搜寻最佳设计，比通过手工调节的 CAD 更好、更快。人工智能与大数据技术迅速发展和广泛应用，使得自动设计进入快速发展轨道，许多行业开始自主研发专业的自动设计软件，将计算机辅助设计或仿真得到的性能评估结果（即设计系统的"输出"）加以分析，再用计算机来自动的、最优的调整设计中所涉及的结构和参量，进一步提升设计效率和设计精度。除此之外，信息化技术的迅速发展，使得不同设计与计算软件之间的数据交互成为可能，软件功能的融合与一体化需求日益增强。本书介绍的输电线路设计与造价一体化技术就是解决线路工程的自动设计和输电线路工程的自动计价软件的数据交互与软件功能融合，通过打通三维设计环节与自动计价环节的数据通道，实现线路设计与造价功能的一体化。

　　本书是《电网工程项目智能设计与造价系列　输电线路分册》，包含输电线路智能设计和造价两大部分，分九章开展论述，第一章论述了输电技术发展及输电线路设计现状；第二章论述了输电线路智能设计与造价概念；第三章论述了输电线路智能设计与造价体系；第四章论述了全息数据平台；第五～七章分别论述了输电线路智能路径规划设计、输电线路智能电气设计、输电线路智能结构设计；第八章论述了输电线路智能造价；第九章介绍了输电线路智能设计与造价案例。

　　本书由国网冀北电力有限公司经济技术研究院、北京道亨软件股份有限公司、北京京研电力工程设计有限公司合作完成，国网冀北电力有限公司经济技术研究院、北京京研电力工程设计有限公司负责组织实施。第一～三章由国网冀北电力有限公司经济技术研究院、北京京研电力工程设计有限公司牵头编写，第四～九章由北京道亨软件股份有限公司牵头编写。全书由国网冀北电力有限公司经济技术研究院、北京京研电力工程设计有限公司负责统稿。

本书在编写和出版过程中得到了行业专家、学者的关注、支持和帮助，在此深表感谢！同时，对书中所列文献的作者致以谢意！

由于水平和经验有限，书中难免有不足之处，望读者批评指正。

编著者

2022 年 7 月

目　录

输电技术发展及输电线路设计现状 第一章

　　随着我国经济的持续高质量发展，电力资源的战略价值在国民生产生活中的重要作用日趋突显，更好地建设电网，满足社会发展和人民生活需要，是电网人应尽的职责。电网工程建设，电网设计是龙头，是确保国民生产、生活正常有序地进行的一项必不可少的重要环节。

　　我国经济发展迅猛，人民、社会、国家对电力的需求大大增长。不断提高的电力要求给电力企业增加了非常繁重的工作压力。输电线路作为电力输送的重要通道，是维持电力系统正常运作的重要环节，是加强电力建设的基本，并且能够将送电、受电、用电有效连接。为了缓解我国当前用电紧张的现象，几十年来各电网公司投巨资建设和改善电网结构，大力兴建大型水电站、特超高压变电站、特超高压交直流输电线路等大型项目。同时，在全国不断总结、迭代形成建设标准化成果，并强力推广应用各电压等级通用设计，这些新技术的应用使电网设计更加有效地遵循"节约占地、节约线路走廊、提高输送容量、保护环境、提高安全稳定性"的总体原则，提高社会经济效益。

　　因此，本书将从宏观全局对输电工程设计现状进行介绍，将安全与经济放在设计的首要地位，对其进行合理的规划与设计，挑选出可实施的具有科学性以及先进性的方案，建设起能够满足我国发展需求的电网，促进我国经济的建设。同时提出新的设计思想理念，突破传统平面设计，推动数字化三维设计和工程数据中心建设，实现基建全范围数字化，实施大数据战略，提高工程设计质量。

　　电网工程设计质量和设计效率永远是电力工程设计单位的两大主题。设计质量更是直接决定了输变电工程的建设、运行水平。我国输变电工程设计行业经历了从传统手工制图到计算机二维辅助设计，再到三维数字化辅助设计的发展历程，并且，随着设计技术的不断发展，设计水平不断提高。从 220kV、500kV、750kV 超高压输变电工程设计到 1000kV 特高压输变电工程、±800kV 乃至±1100kV 特高压直流输电工程设计，电压等级不断提升且输送容量不断增加，使得输电线路、变电站、换流站接线更加复杂，占地面积越来越大，设备更加精密、庞大，布置愈加紧凑，设计裕度越来越小，工程投资要求更加精准。然而，现有的设计习惯，是以人的知识经验作为设计可靠性评价依据的。工程规模的不断扩大，复杂性的不断提高，甚至新方法的应用和新技术的提出，都给设计工作带来了巨大挑战。对于可靠性有特别要求的工程项目，一般是通过增加评审环节的数量和专家人数来保证设计质量的，但这种方式存在两方面的问题：一是不同专家的经验不完全一致，有的时候甚至互相矛盾；二是人的知识经验存在局限性，很难拥有对全部专业的所有技术都精通的专家。因此，如何提高电力工程项目的设计质量以及保证设计质量评价的客观性和准确性是电力工程设计单位亟待解决的课题。输变电工程设计涉及诸多方面的复杂工作和重复性工作，在现有的设计习惯下，需要投入大量高级技术人员。从电力工程设计单位的经营效益来看，采用新的技术手段大幅度提高设计效率是一种必然选择。另外，目前的输变电工程规划往往是人工主导，输变电工程规划中需要考虑的问题多而复杂，导致规划过程耗时长、耗费大。因此，随着输变电工程的发展，电力系统规划的自动化是大势所趋。

　　基于以上背景，通过采用新一代人工智能技术、大数据技术以及其他相关技术，建立以知识库为基础的深度学习模型，研发具有自主智能逻辑推理、自主智能设计、自主智能规划能力的智能自动化系统，以达到有效提升设计质量、大幅提高设计效率和实现规划智能化的目的。

　　通过理念创新和融合应用新一代人工智能技术、大数据技术、云技术、计算机技术、软件技术和网络技术等先进技术，构建兼具强实用性、高可靠性、高安全性、智能化、高度自动化和先进性特征的具有自主知识产权的电网规划设计自动化平台，实现电网规划设计从目前的人工设计模式到智能化自主设计模式的跨越。其中：①强实用性包括功能全面、高效率设计、高质量设计、使用方便、人机交互友好、组件化、易升级、易拓展、易维护和跨平台十个要素；②高可靠性包括自动化平台运行的高度稳定性和输出结果的高可信度，信息数据的完整性、一致性、可用性和存储的永久性，系统运行异常和故障的快速恢复性能三个方面；③高安全性特指基础信息数据的安全性、设计方案的安全性、平台抗攻击能力和全过程的自动追踪能力四个方面；④智能化是指平台实现中的关键技术和关键环节采用了基于新一代人工智能技术的模型、算法和处理过程；⑤高度自动化包括结构化数据和非结构化数据输入的自动化、信息数据存储的自动化、设计过程的自动化、结果输出的自动化、平台运行状态监控的自动化和系统故障恢复的自动化；⑥先进性体现在设计理念的先进性、硬件支撑系统的先进性、软件架构的先进性、性能指标的先进性和关键技术的先进性五个方面。

第一节　国外输电线路设计发展

　　输电线路在国内外迅猛发展。在 100 多年前，法国建成世界上第一座发电站，人类开始用上了电灯。十多年后，德国安装了世界上第一台交流发电机并通过第一条高压输电线路将电力输送到较远地区，开启了高压输电的时代。我国点亮第一盏电灯是在 1879 年。这 100 多年来，输电线路发展迅猛，电压由最初的 13.8kV，发展到现在的交流 1000kV、直流±1100kV，我国一跃成为世界电力强国。

架空输电线路设计的发展始终与计算机技术的进步息息相关。20 世纪 90 年代中期，伴随着计算机辅助设计（Computer Aided Design，CAD）软件在设计领域的广泛应用，专门针对架空输电线路设计的软件应运而生。利用计算机及其图形处理设备的帮助结合架空输电线路设计特性，架空输电线路二维设计系统彻底颠覆了传统设计中手工制图的工作。

计算机辅助设计是计算机技术、现代数值方法与工程设计紧密结合的产物。它起始于 20 世纪 60 年代，随着计算机硬件和软件的发展、计算机图形学和系统设计理论的不断完善而日益得到广泛应用，特别是近十年来由于集成电路制作技术和计算机硬件的突飞猛进，以及数据库系统、图形生成和显示技术、人工智能等方面的长足进展，使得微机和在其上开发的 CAD 技术能够普及应用，成为工程设计不可缺少的组成部分。

随着国内外计算机运算能力不断提升，三维设计 3D 可视化的特点在各行各业中得到充分应用。例如，20 世纪 70 年代提出的建筑信息模型（Building Information Modeling，BIM），就是在计算机辅助设计等基础上发展起来的多维模型信息集成技术，是对建筑工程物理特征和功能特性信息的数字化承载和可视化表达。BIM 技术起源于美国，逐渐向欧洲、日韩、新加坡等发达地区普及。目前，BIM 技术在大部分发达国家应用越来越广泛，并达到了一定的水平。有数据表明，早在 2009 年，美国建筑行业中 80% 的 300 强企业就开始主动应用 BIM 技术。国外各类研究机构对 BIM 技术展开了广泛研究，并逐步在建筑、道路、桥梁等各行业各领域内开始应用，但在电力线路行业内应用的并不多。

目前国际上通用的输电线路辅助设计软件只有 PLS - CADD（Power Line Systems - Computer Aided Design and Drafting）软件系统，是国际上一款比较成熟且很流行的高压输电线路勘测设计软件。PLS - CADD 软件系统可以进行二维、三维设计，但目前不具备根据电气间隙进行塔头布置校验或优化设计相关的功能。而 PLS - TOWER（Power Line Systems Tower）等国际通用的杆塔计算软件均侧重于杆塔应力计算，尚无综合考虑电气间隙进行塔头优化的功能。

第二节　国内输电线路设计发展

一、国内输电线路设计技术发展

回顾我国输电线路设计技术发展的历史，经历了从手工制图到二维计算机辅助设计，再到三维数字化辅助设计的发展阶段。在 20 世纪 90 年代中期之前相当长的一段时间，我国的架空输电线路设计工作一直依赖于人工制图。设计人员需要花费大量的时间进行手工制图，效率低下且极易出错。图纸校核工作更是费时费力。随着我国电网建设规模的不断扩大，很多设计院为了能够应对日益增加的设计任务不得不加大投入建立专门的制图部门，但依然无法解决人工制图流程繁复、准确性差的问题。

在此期间为了简化制图工作，设计人员也做了大量的尝试，弧垂模板就是这个时期的典型产物。设计人员根据工程设计参数通过应力弧垂计算获得导地线的弧垂曲线，根据弧垂曲线专门定制以透明赛璐珞片制成的弧垂模板用于简化制图中的导地线绘制工作。

20 世纪末期，计算机软硬件技术进入高速发展期，计算机的数据及图形处理能力突飞猛进。借助高性能的计算机硬件，数据及图形处理技术的发展取得长足的进步。这一时期，国内也涌现出一批基于二维计算机辅助技术的二维架空输电线路设计软件。

近年来，二维计算机辅助设计和辅助制图技术已经得到广泛的应用，随着计算机的急速发展、工程全生命周期应用需求的变化，设计行业开始探索和应用三维数字化技术辅助设计，三维数字化辅助设计作为一个新的设计方法，因数字化信息模型的直观、便捷，易于利用和传递的优势，正在被设计、施工、运维单位研究和应用。

BIM 在我国的工民建、铁路、公路等多行业已率先开始应用，并逐步取得了良好的效益。在提升设计质量，节约管理成本，提高交流效率等方面，BIM 较传统设计都有更为出色的表现。从源头来看，要想实现项目的 BIM 全过程管控，首先要求设计端采用三维设计。

2003 年我国开始引入 BIM 系统的概念；2004 年开始在国家大型项目进行试点，如国家体育场鸟巢，这种体型复杂、设计精度要求高的建筑便应用 BIM 设计施工管理；2009 年国内大型设计院开始推广普及 BIM 系统，逐步开始三维设计；2017 年《建筑信息模型分类和编码标准》（GB/T 51269—2017）等一系列国家 BIM 相关规范陆续出版实施；2020 年，国家住房和城乡建设部要求新立项项目 BIM 应用比率达到 90％。如今，越来越多的建筑项目如同鸟巢一样，空间关系很难用二维图纸描述清晰，设计人员从以往的不愿使用三维设计开始慢慢接受三维设计。国家对于 BIM 也十分重视，一步步从试点到推广应用到建立规范再到最终普及成为设计常态。

BIM 同时也被应用于电力行业内。发电与变电领域，与工民建类似，开展较早，其中发电已基本实现了全专业的协同设计；线路领域，受制于自身距离长、外部条件复杂等特点，对 BIM 的应用主要体现在设计领域的尝试使用以及三维设计成果的管理及展示方面，难以在施工图设计阶段应用，也难以满足多专业的协同设计应用。线路领域虽起步较晚，但有了其他行业的经验与资源，以及国家政策的大力支持，也取得了较快的发展。

通过近二十年的高速发展，三维仿真、地理信息系统（Geographic Information System，GIS）、云计算等前端技术已经从理念变为现实。从 GIS 应用领域的数字城市到建筑设计领域的 BIM 技术，设计行业在三维化的浪潮中迎来新的变革。基于这些新兴技术，也涌现出一些具有代表性的架空线路三维设计平台以及一系列具有自主知识产权的线路设计相关软件产品，充分整合输电线路设计领域的各项关键环节，实现输电线路信息流的顺利传递，提高设计效率及质量。其中，道亨时代在图形数据的实时应用等关键技术方面，已经达到或超过国外同类产品，是国内输电线路设计软件中的主流设计软件。

二、国内输电线路设计规范发展

总体上看，我国早期的输电线路基础沿用了 1956 年苏联的基础设计规范，并在此的基础上经过本土化改造，1964 年，形成了我国的基础设计技术规定。1979 年 1 月 11 日，水利电力部颁布实施了《架空送电线路设计技术规程》（SDJ 3—79），适用于新建 35～330kV 架空送电线路设计。需要说明的是，该规程首次具体规定了输电线路基础设计的安全系数取值。

1984 年，在水利电力部电力规划设计院的组织下，由东北电力设计院为主编单位，西北、西南、河南电力设计院为参编单位，在充分总结我国 20 世纪 70 年代输电线路基础方面的科研成果后，制定了《送电线路基础设计技术规定（试行）》（SDGJ 62—84）。由水利电力部电力规划设计院在 1984 年 8 月 10 日颁布实施，该标准是 SDJ 3—79 的补充和具体化，适用于新建 35～500kV 架空输电线路基础设计。

根据《关于下达 2001 年度电力行业标准制、修订计划项目的通知》（国经贸电力〔2001〕44 号）的安排，2002 年由东北电力设计院为主编单位，中国电力工程顾问公司、西北电力设计院、中南电力设计院和河南电力勘测设计院为参编单位，开始对 SDGJ 62—84 进行修订。经过 3 年努力，《架空送电线路基础设计技术规定》（DL/T 5219—2005）作为 SDGJ 62—84 的代替标准，于 2005 年 6 月 1 日颁布实施。

2007 年 6 月，国家电网有限公司为实现电网建设的可持续发展，针对输变电工程地基基础关键技术问题开展系统性的研究。由国网北京电力建设研究院（现已并入中国电力科学研究院有限公司）为主编单位，从电网发展实际出发，按统一组织，重点突破的原则，对输变电工程地基基础建设、设计、运行中的关键性技术问题进行分析和总结，由国家电网有限公司重点实验室岩土工程实验室主笔，编制了国家电网有限公司"十一五"《输变电工程地基基础关键技术研究框架》。该框架以岩土工程理论和实践为基础，紧密结合输变电工程地基基础工程特性，以输变电工程地基基础建设需求为出发点，坚持理论联系实际，在输电线路基础方面开展三个方向的重大课题研究：一是开展输电线路工程地基与基础间相互作用、共同承载规律的研究，建立和完善常规条件下输电线路工程基础设计方法和计算参数的理论，为输电线路工程设计计算奠定坚实的理论基础；二是开展区域性特殊地基条件下输电线路地基基础选型、设计优化和新型基础型式及技术方案等课题研究，形成区域性特殊地基条件下输电线路基础设计方法和特殊工程条件下输变电工程地基基础设计方法，为复杂和特殊条件下输变电工程建设提供技术支持；三是开展输变电工程地基基础地上和地下、线性和非线性、静态和动态、单一和耦合相结合的一体化工程设计方法的前瞻性课题研究，为我国输电线路基础工程的理论创新和技术进步做好技术储备。

近十多年来，中国电力科学研究院有限公司（简称中国电科院）和相关省网公司、电力设计院、电力施工单位依托并围绕国家电网有限公司《输变电工程地基基础关键技术研究框架》研究课题，在输电线路新型基础研发、设计理论和方法研究、现场试验与验证、设计软件系统开发、工程应用等方面开展了大量工作，形成了系列化成果，为我国常规条件和区域性特殊地基的输电线路基础设计标准制（修）订工作奠定了坚实基础。

根据《国家能源局下达 2010 年第一批能源领域行业标准制（修）订计划的通知》（国能科技〔2010〕320 号文）的要求，由中南电力设计院为主编单位，东北电力设计院、中国电科院和电力规划设计总院为参编单位，对《架空送电线路基础设计技术规定》（DL/T 5219—2005）进行修订。标准编制组经广泛调查研究，认真总结了我国输电线路基础设计、施工和运行经验，收集、整理和分析国内外基础设计与应用成果。同时，由中国电科院完成了《输电线路掏挖基础抗拔研究及其设计规范修订》专题研究工作，在广泛征求意见和专家评审的基础上，修订了 DL/T 5219—2005 中自 20 世纪 60 年代一直沿用的掏挖基础剪切法抗拔设计方法和参数取值。修订后的规范设计较原规范设计可节省 20% 左右基础本体造价。《架空输电线路基础设计技术规程》（DL/T 5219—2014）作为 DL/T 5219—2005 的代替标准，于 2015 年 3 月 1 日实施。

根据《国家能源局关于下达 2012 年第二批能源领域行业标准制（修）订计划的通知》（国能科技〔2012〕326 号）的要求，由中国电科院为标准主编和牵头单位，通过专题研究，总结了近年来我国戈壁碎石土地区输电线路基础的设计、施工和运行经验，收集、整理和分析了国内外的研究与应用成果，并在广泛征求有关单位意见的基础上，制定了《架空输电线路戈壁碎石土地基掏挖基础设计与施工技术导则》（DL/T 5708—2014），并于 2015 年 3 月 1 日实施。该标准规定了戈壁碎石土地基架空输电线路掏挖基础的勘察、设计和施工要求与方法。

根据《国家能源局关于下达 2014 年第二批能源领域行业标准制（修）订计划的通知》（国能科技〔2015〕12 号）的要求，由中国电科院为标准主编和牵头单位，开展了专题研究，总结了近年来我国沙漠地区输电线路地基的勘察，基础的设计、施工和运行经验，并收集、整理和分析了国内外的研究与应用成果，并在广泛征求有关单位意见的基础上，制定了《沙漠地区输电线路杆塔基础工程技术规范》（DL/T 5755—2017），并于 2018 年 3 月 1 日实施。该技术规范规定了沙漠地区输电线路的勘察、基础设计和施工、防风固沙、修复与重建、环境保护、验收等工作的方法与要求。

除此之外，依托国家电网有限公司《输变电工程地基基础关键技术研究框架》课题研究成果，由中国电科院为标准主编单位，相关省网公司和电力设计院为参编单位，先后制定了《架空输电线路基础设计规程技术规范》（Q/GDW 1841—2012）、《架空输电线路掏挖基础技术规定》（Q/GDW 11330—2014）、《架空输电线路岩石锚杆基础技术规定》（Q/GDW 11333—2014）、《架空输电线路黄土地基杆塔基础设计技术规定》（Q/GDW 11266—2014）、《架空输电线路杆塔基础快速修复技术导则》（Q/GDW 11095—2013）等一系列国家电网有限公司企业标准，从而形成并极大地丰富了我国架空输电线路基础设计技术规范体系。

目前我国的输电线路设计基本做到了与国际发达国家接轨，但也存在如下特点：一是我国以构建统一的坚强电网为目标，比较重视各个电网间的联系；二是目前我国采用的输电线路设计标准及规范基本是由我国自行制定的，而大多数国际输电线路设计标准由美国、英国等发达国家制定，导致部分不兼容的现象；三是发达国家知识产权保护意识较强，而我国这方面比较薄弱，各单位设计结果存在任意使用情况，不利于我国输电线路设计水平提高。整体上，我国输电线路设计水平基本达到国家标准，但仍需要不断学习借鉴国外先进的设计经验，结合自身优势，加快推进标准化体系与国际的协调统一，并加强对设计成果的产权保护，进一步提高我国输电线路设计水平。

第三节 输电线路工程数字化设计现状

在大数据时代背景下，数字化技术已经成为各行各业必不可少的工具。就输电线路设计行业而言，数字化和信息化水平的应用已经逐步成为衡量工程设计水平的标志之一。随着首届中国电力工程数字化设计大赛落下帷幕，国内部分设计单位已在输电线路的设计领域开始尝试使用三维数字化技术，但大部分数字化功能仅体现在三维设计成果的管理及展示方面，真正意义上的数字化技术在工程设计中的全过程应用尚未成熟。

随着现代计算机和通信技术的飞速发展，输电线路数字化已成为一种潮流和趋势。数字化输电线路系统是一个速度快、效率高的数字神经系统，它利用现代计算机、通信、网络、人工智能等先进技术，标准化、规范化、地量化线路设备对象，从线路设计、施工、运行等各个方面实现计划、组织、协调、服务、创新等功能，其本质是将现代化的输电线路信息采集、管理方法、规程标准、运检手段充分加以数字化，从而全面提高输电线路建设和管理的效益效率。2017 年开始，国家电网有限公司与中国南方电网有限责任公司共同力推三维数字化设计技术在电力工程中的全面应用。未来，以三维设计为核心的数字化设计，将成为贯穿电力工程全过程、全生命周期的主轴线。

随着数字地球的概念自 1998 年 1 月被美国前副总统戈尔提出，数字电力的概念也随之应运而生，它强调了网络电力、智能电力及信息电力的集成一体化，其定义为：通过宽带多媒体信息网络、地理信息系统等基础设施平台，充分利用国家空间数据基础设施、政府和各行业的有关数据，整合电力信息资源，建立对行业内部人、财、物三大基本要素和业务处理的全过程进行管理、对发输供配用电生产全过程进行控制以及对全社会安全、经济、可靠供电提供技术支持和优质服务的综合信息系统，实现电力的信息化、数字化和现代化。

2000 年，由清华大学卢强院士提出了数字电力系统的概念，其定义为某一实际运行的电力系统的物理结构、物理特性、技术性能、经济管理、环保指标、人员状况、科教活动等数字地、形象化地、实时地描述与再现。同时他认为数字化电力系统的第一步是要建立实时仿真系统，通过超实时的暂态仿真来实施电网的稳定闭环控制。因此，卢强院士主要是从电力系统数字仿真的角度来阐述，而在国家电网有限公司的《数字化电网及数字化变电站关键技术研究框架》中，更是提出了全新的数字电网定义，即以信息技术为基础，对实际电网的物理设备（包括一、二次设备和三次采集，监视、控制和自动化设备）的静态模型参数和动态运行数据进行全面的数字化采集、监视、分析和控制，实现电网规划、勘测、设计、管理、运行、维护等各个环节的全程信息化，进而实现数字化电网在控制中心的可视化和智能化调度，即以电网物理系统为对象，从信息源的产生、获取、传输、处理、共享、应用及管理等各个方面阐述其数字化特征和技术内涵。

数字化输电线路系统是一个不断发展的概念，是数字化电网的重要组成部分，它涵盖了设计、建设、运行等各个关键环节，采用标准化、规范化的数据传递规约，将输电线路本体、通道环境和相关地理信息的固有参数和动态变化转换成数字信息，实现数字化的设计、建设，实现基于数字化的科学量化的线路状态分析、判断、决策运行管理系统。

输电线路数字化设计系统是一个集成设计和管理系统，实现协同工作和资源共享的设计平台。该平台可满足线路工程设计的规划选线、可行性研究、招投标、初步设计、施工图设计、竣工图设计等全生命设计周期要求，完成线路走廊地理信息资料数字化、线路路径选择优化、线路工程本体设计、经济指标估算、数字化移交等功能，提高了工程咨询设计服务水平。

输电线路数字化设计集成系统由地理信息系统、三维设计系统、数据库系统、文件管理系统并集成专业设计软件所组成。以大型数据库为核心，以高精度航摄影像、数字高程模型（digital elevation model，DEM）、基础地理等数据为基础，以三维模型为依托，利用航测遥感技术、三维可视化技术、虚拟现实技术和信息集成技术，结合地理信息和工程信息，通过数据驱动模型，以三维数字化的形式，整合输电线路走廊的地形地貌信息和建设过程数据，通过构建三维现场环境，提供输电线路勘察设计服务。

　　近年来卫片、航片、激光雷达等新型测绘技术在架空输电线路设计中越来越多地被采用，使得利用先进测绘手段得到的大量地形地貌数据通过计算机三维仿真技术进行三维场景还原成为可能。以大数据处理为基础，三维仿真技术为手段，从三维数字化设计到三维智能电网管理的新型电网建设体系逐渐明朗。利用多元地理信息系统配合多维信息化模型，所有输电线路项目中的各项信息，在项目策划、设计、施工和运维的全生命周期过程中进行共享和传递，使电网建设各个环节的专业人员对整个项目每个细节做出正确理解和高效应对，为设计团队以及包括施工、运维单位在内的各方建设主体提供协同工作的基础，在提高生产效率、节约成本和缩短工期方面发挥重要作用。

输电线路智能设计与造价概念

近年来，社会需求不断增加，新技术飞速发展，特别是以人工智能为引领的新技术，广泛应用到工程建设、社会生活中，引起社会生产、生活质的变革。本章从人工智能技术和输电线路智能设计与造价两方面论述。人工智能技术主要是从人工智能概念、发展历程、技术应用，以及在输电线路智能设计与造价领域的应用前景等方面论述。输电线路智能设计与造价从概念、内容、基础等方面论述。

第一节 人 工 智 能 技 术

一、人工智能概念

人工智能（Artificial Intelligence，AI）是研究、开发用于模拟、延伸和扩展人的智能的理论、方法、技术及应用系统的一门新技术科学，是融合了计算机科学、统学、数学、脑神经学和社会科学等多学科的前沿综合性学科。人工智能也称作机器智能，是指由人工制造出来的系统所表现出来的智能，即为了实现感知、学习、推理、规划、交流、操控物体，通过普通计算机实现的智能。它的目标是希望计算机拥有像人一样的智力能力，可以替代人类实现识别、认知、学习、分类和决策等多种功能。

人工智能是计算机科学的一个分支，它企图了解智能的实质，并生产出一种新的能以人类智能相似的方式做出反应的智能机器，该领域的研究包括机器人、语言识别、图像识别、自然语言处理和专家系统等。人工智能从诞生以来，理论和技术日益成熟，应用领域也不断扩大，可以设想，未来人工智能带来的科技产品将会是人类智慧的"容器"。人工智能可以对人的意识、思维的信息过程模拟。人工智能不是人的智能，但能像人那样思考，甚至可能超过人的智能。

人工智能是一门极富挑战性的科学，从事这项工作的人必须懂得计算机、心理学和哲学等方面的知识。人工智能是一门极富挑战性的科学，它由不同的领域组成，如机器学习、计算机视觉等。总的说来，人工智能研究的一个主要目标是使机器能够胜任一些通常需要人类智能才能完成的复杂工作，但不同的时代、不同的人对这种"复杂工作"的理解是不同的。

人工智能是研究使计算机来模拟人的某些思维过程和智能行为的学科，数字计算机是实现人工智能的核心，通过强大的计算能力和算法，起到类似于"人类大脑"的作用。在人工智能时代，数据的处理变得简单，通过人工智能进行数据挖掘和数据分析来实现，利用分类、回归分析、聚类、关联规则、特征、变化和偏差分析、Web 页挖掘等，可以分别从不同的角度对数据进行挖掘。应用人工智能对信息进行分析，提高了数据处理的速度与质量。此外人工智能推动计算走向了智算，计算智能是借助生物界规律的启示，根据其规律，设计出求解问题的算法，主要包括神经计算、模糊计算、进化计算。人工智能计算技术是促进社会发展的重要产物。

目前，人工智能正在潜移默化地进入到人们的生活当中，在人工智能时代下，交互方式正在发生变化。人机交互是人工智能最具挑战性、最具综合性的技术，涵盖了语义理解、知识表示、语言生成、逻辑与推理等各个方面。语音交互是最主要的交互方式，随着人工智能的不断成熟与发展，人工智能可以通过手势、触摸及视觉产生人机交互。目前，人机交互技术在家居、医疗、汽车、金融等领域应用广泛，常见的人机交互产品有智能音箱、沉浸式 3D 交互设备、情感陪护机器人、微软小冰等。

自从人工智能概念在 1956 年于 Dartmouth 学会上被首次提出，其核心技术的研发便成为世界各国关注的焦点。人工智能的实现方法丰富，主要包括引领三次高潮的专家系统（Expert Systems，ES）、人工神经网络（Artificial Neural Networks，ANN）、深度学习（Deep Learning，DL）以及持续推动学科发展的模糊逻辑（Fuzzy Logic，FL）、遗传算法（Genetic Algorithm，GA）、机器学习（Machine Learning，ML）、多智能体系统（Multi - Agent System，MAS）、博弈论（Game Theory，GT）等。

人工智能技术的基础包括知识表示、推理、搜索、规划，其是由计算机科学、控制论、信息论、神经生理学、心理学和语言学等多学科相互交叉融合进而发展起来的一门综合性前沿学科。各类学科背景的学者从不同的出发点、方法学以及不同的应用领域出发，进行了大量的研究。在长期的研究过程中，由于人们对智能本质的不同理解，形成了人工智能多种不同的研究途径和学派，其中主要包括符号主义（Symbolism）、联结主义（Connectionism）和行为主义（Behaviorism）。

1. 符号主义人工智能

符号主义人工智能所定义的人工智能起源于数理逻辑，20 世纪 30 年代，将数理逻辑应用于描述智能行为，随之结合计算机实现逻辑演绎系统，开启了人工智能发展的先河。符号主义人工智能中，其认知的基本元素为符号，将信息和行为抽象为基于符号和符号规则的物理符号系统，应用计算机本身的逻辑推理法则，仿照人脑的抽象思维完成对智能行为的模拟。其基本方法包括根据已知环境进行模型规则、框架、程序的设计，利用样本进行调试，实现串行处理。此类形式化的人工智能发展出了多种技术，从启发式算法到专家系统以及知识工程理论与技术，为早期的人工智能应用奠定了基础。专家系统作为符号主义人工智能的代表成就，依据专家经验知识设计智能计算机程序系统，模拟专家进行推理判断从而解决复杂问题。专家系统所具有的启发性、透明性、灵活性，使专家经验应用于实际问题时具有较高的适应性和精确计算能力。符号主义人工智能所具备的逻辑推理特征对于解决可用符号完整表达的系统问题具有较好的应用效果，但其对全局性判断、模糊信息处理等问题的处理效率不高。

2. 联结主义人工智能

联结主义人工智能认为人工智能起源于仿生学，1943 年由生理学家 W. McCulloch 和数理逻辑学家 W. Pitts 共同创立的脑模型，开创了从神经元角度研究人脑结构及功能模型的新途径。联结主义人工智能中，认知的基本元素为神经元，通过模仿神经网络与神经元之间的联结机制和学习算法，实现人类智能行为在计算机上的模拟。其采用全局分布式数据存储模式和并行的数据处理方式，依据神经网络物理结构进行计算模拟和训练，可进行非逻辑的、具备环境适应性的信息处理。人工神经网络技术作为联结主义人工智能的核心技术，借助其所具备的自学习、自适应、自组织、函数逼近以及大规模并行处理的能力，可解决非线性、多变量、实时动态系统问题，具有联想记忆、鲁棒性强等特点，其模型及改进模型对应用于智能系统具有广阔前景。目前热度较高的深度学习则是在神经网络模型的基础上衍生出来的更深层神经网络。在当前云计算和大数据技术日趋完善的基础上，其更加复杂的模型可适用于对大规模数据进行特征学习和分类。在实际工程所存在的一些复杂决策问题中，系统规模较大，数据众多，且可能存在数据不完备情况。对相关数据的变化规律进行分析，需满足一定的精度和速度。例如在对风电功率进行预测时，需根据天气预报提供的地区天气数据进行预测。如果输入数据误差较大，则会影响预测结果。再如电力市场变化所需进行的电价预测，具有波动变化特性且其相关影响因素众多，包括燃料价格、机组容量、用电需求以及市场体制影响等。人工神经网络、深度学习具有极强的非线性拟合能力、自主学习能力，能更好地提取数据特征，对于解决包含大量非线性的复杂电力系统具有很大的应用潜力。

3. 行为主义人工智能

行为主义人工智能起源于控制论，20 世纪 80 年代由 Brooks 为代表的研究学者将行为主义研究思想与人工智能融合，开启了与传统人工智能相区别的人工智能技术研究方向。符号主义人工智能、联结主义人工智能是基于人类内在的思维形式，与之相区别的行为主义人工智能则通过外在可观测的行为特征实现人工智能。根据主体与外在环境之间的交互影响，通过自主感知环境的反馈并作出相应的动作完成智能行为，运用分布并行的数据处理方式，分解复杂动作结构，由底向上进行求解。目前，此类人工智能技术主要分为进化计算和强化学习两种研究方法。进化计算方法可通过进化计算建立感知-动作法则驱动动作执行或建立行为模型，并运用进化计算驱动模型执行动作；强化学习方法基于无模型环境条件下，依据环境反馈所进行的动作自主评估学习过程。符号主义人工智能这种以快速自主反馈代替精确数学模型的方式，对于解决具有复杂、不确定和非结构化的环境系统问题具有较好的应用效果。

三类人工智能技术均有各自的应用特点：符号主义人工智能在解决实际问题时不受外界环境影响，专家经验不受时空限制，但其对海量样本、模糊信息的处理效率不高；联结主义人工智能可实现数据特征的自动提取，具有较强的鲁棒性和容错能力，可自学习和自适应不确定系统，但目前机理尚不明确；行为主义人工智能体现出较强行为主动性和环境自调整性，可针对无具体环境模型系统进行实时控制，但由于其自下而上的决策过程，忽略人的心理状态，欠缺对全局整体性的把控。

二、人工智能发展历程

（一）国外人工智能技术的发展历程

纵观世界人工智能的发展史，人工智能的发展主要经历了六个阶段：萌芽期（1956年之前）、第一次高潮期（1956—1966年）、低谷发展期（1967年至20世纪80年代初期）、第二次高潮期（20世纪80年代中期至90年代初期）、平稳发展期（20世纪90年代至2016年）以及第三次高潮期（2016年至今）。

1. 萌芽期（1956年之前）

1936年，英国数学家A. M. Turing提出了计算机器（Computing Machine）的理论模型——图灵机模型；1950年，A. M. Turing又提出了机器能够思维的论述，A. M. Turing由此被称为"人工智能之父"。1946年，美国电气工程师J. P. Eckert和物理学家J. W. Mauchly等人共同研制出了世界上第一台电子数字计算机ENIAC，为以后人工智能的发展奠定了物质基础。之后做出突出贡献的科学家包括冯·诺伊曼（John von Neumann）、N. Wiener以及C. E. Shannon，他们创制的计算机、控制论和信息论，均为以后人工智能的研究奠定了坚实的理论和物质基础。

2. 第一次高潮期（1956—1966年）

1956年夏季，在美国Dartmouth学会上，M. Minsky、C. E. Shamnon、J. McCanthy和N. Lochester等一批年轻科学家促成了人工智能学科的诞生。会议上人工智能的概念由McCarthy正式提出。1956年Dartmouth会议之后，人工智能发展迎来第一个春天。这一时期人工智能的主要研究方向是博弈、定理证明、机器翻译等。这一阶段的代表性成果包括：1956年，A. Newell、H. Simon和C. shaw等人在定理证明方面首先取得突破，开辟了以计算机程序来模拟人类思维的道路；1960年，McCarthy创立了人工智能程序设计语言LISP。一系列的突破使人工智能科学家们相信，通过研究人类思维的普遍规律，计算机最终可以模拟人类思维，从而创造一个万能的逻辑推理体系。在如此氛围下，人类开始对人工智能抱以极高期望。

3. 低谷发展期（1967年至20世纪80年代初期）

随着人工智能研究的深入，科学家遇到越来越多的困难，由于当年的预想与实际技术条件脱节，对人工智能的研究陷入瓶颈。1965年创立的消解法（归结法），曾被赋予厚望。但该方法在证明"连续函数之和仍连续"这一微积分的简单事实时，推导了10万步仍无结果。可见，该方法存在一定的局限性。A. M. Samuel的跳棋程序在获得州冠军之后始终未获得全美冠军。机器翻译所采用的依靠一部词典的词到词的简单映射方法并未成功。从神经生理学角度研究人工智能的科学家遇到了诸多困难，运用电子线路模拟神经元及人脑并未成功。由于前一阶段的盲目乐观，相关研究者并未充分预估可能遇到的困难。这一时期，人工智能研究进入低谷发展期。尽管面临巨大压力，各国人工智能研究者依旧扎实工作，继续加强基础理论研究，并在机器人、专家系统、自然语言理解等方面取得新突破，其中包括 R. C. Schahk 提出的概念从属理论、M. Minsky 提出的框架理论、R. Kowalski 提出的以逻辑为基础的程序设计语言 Prolog 等。

4. 第二次高潮期（20 世纪 80 年代中期至 90 年代初期）

1977 年，E. A. Feigenbaum 教授在第五届国际人工智能联合会会议上提出了"知识工程"的概念，标志着人工智能研究迎来了新的转折点，即实现了从获取智能的基于能力的策略至基于知识的方法研究的转变。直到 20 世纪 80 年代，借助第五代计算机技术的发展，人工智能重新崛起。J. Hopfield 发明了 Hopfield 循环神经网络，结合存储系统和二元系统，提供了模拟人类记忆的功能。在此推动下，人工智能的第二次产业浪潮出现于 1984 年。在这期间，基于人工智能基础理论以及计算机科学的发展，多种人工智能实用系统实现了商业化，取得了较大的经济和社会效益。例如，DEC 公司将人工智能系统用作 VAX 计算机的建构，每年为该公司节约 2000 万美元；斯坦福大学研制的专家系统 PROSPECTOR，1982 年预测了华盛顿州的一个钼矿位置，其开采值超过 1 亿美元。当然，这一时期人工智能研究同样遇到了挫折。例如，日本的第五代机计划未能达到预期目标，通用的智能机器及专家系统的计划面临危机。由于当时的人工智能受制于计算能力，根本无法实现大规模的并行计算和并行处理，系统能力也较差。最终，这次浪潮仅仅持续了不到十年。

5. 平稳发展期（20 世纪 90 年代至 2016 年）

随着计算机网络技术特别是国际互联网技术的发展，人工智能研究开始由单个智能主体研究转向基于网络环境下的分布式人工智能研究。G. E. Hinton 教授在 2006 年提出"深度学习"（Deep Learning）概念，人工智能系统性能获得突破性进展，人工智能的应用领域进一步扩大。

6. 第三次高潮期（2016 年至今）

在历经将近二十年的平稳发展期以后，由于计算机硬件技术和高速网络通信技术的快速发展，以及基于深度学习的人工神经网络技术研究的重大突破，人工智能技术又一次进入飞跃式发展阶段。从 2016 年至今，人工智能已经迎来了第三次发展高潮，人工智能已不再只是概念，正不断进入诸多行业领域，影响着人们的生产、生活。2016 年年初，基于深度学习的 Alpha Go 与韩国围棋国手李世石对弈，Alpha Go 最终获胜，人工智能再次引起公众关注。2016 年也被称为人工智能新纪元元年。《经济学人》杂志在 2016 年发表专题文章，从技术、就业、教育、政策、道德五大维度深刻剖析了人工智能的巨大影响，并指出其很快会有更加广泛的应用。麻省理工学院斯隆管理学院的调查报告也显示，人工智能可能会对工作价值创造和竞争优势产生深远影响，推动 IT、运营和面对消费者的行业产生变革。2017 年 5 月 27 日，人工智能系统 Alpha Go Master 再次以压倒性优势战胜了世界实时排名第一的中国棋手柯洁。可见，现今人工智能技术研究取得了新的突破性进展，再次迈入飞跃式发展阶段。

Gartner 于 2014 年发布的人工智能技术发展过程的技术成熟度曲线，如图 2-1 所示。

（二）国内人工智能技术的发展历程

相较于国际人工智能的发展历程，我国人工智能研究起步较晚。改革开放以前，我国人工智能研究经历了质疑、批评甚至是打压；改革开放后，我国人工智能研究才逐步走上

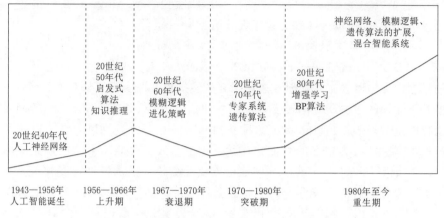

图 2-1　人工智能技术发展过程的技术成熟度曲线

正轨。20 世纪 50 年代，受苏联批判人工智能和控制论的影响，我国几乎没有开展人工智能研究；20 世纪 60 年代后期和 70 年代，由于中苏关系恶化，苏联虽解禁了控制论和人工智能的研究，但我国的人工智能研究依旧停滞不前；1978 年 3 月，在北京召开的全国科学大会提出"向科学技术现代化进军"的战略决策，广大科技人员解放思想，人工智能研究酝酿着进一步的解禁；20 世纪 80 年代初期，钱学森等学者主张开展人工智能研究，我国人工智能研究进一步活跃，引来大发展的春天。

20 世纪 70 年代末至 80 年代，随着欧美国家人工智能获得较快发展并取得较大的经济和社会效益，我国派遣大批留学生赴欧美发达国家学习，其中包括人工智能与模式识别等领域的留学生；1981 年 9 月，中国人工智能学会在长沙成立，秦元勋当选第一任理事长，部分人工智能相关项目已被纳入国家科研计划。

1984 年，邓小平明确指示计算机普及的重要性，此后，我国人工智能研究的环境有所好转；1986 年，国家高技术研究发展计划（"863"计划）将智能计算机系统、智能机器人和智能信息处理等项目纳入其中；1987 年，清华大学出版社出版了国内首部具有自主知识产权的人工智能专著；1987 年、1988 年和 1990 年，陆续出版了我国首部人工智能、机器人学与智能控制著作；1987 年，《模式识别与人工智能》创刊；1989 年，召开了首届中国人工智能联合会议；1993 年起，国家科技攀登计划将智能控制和智能自动化等项目纳入其中；进入 21 世纪，越来越多的人工智能与智能系统研究课题获得国家高技术研究发展计划（"863"计划）、国家自然科学基金重大项目、国家重点基础研究发展计划（"973"计划）项目、工信部重大项目以及科技部科技攻关项目等国家基金计划支持。2006 年 8 月，中国人工智能学会联合其他学会和有关部门，在北京举办了"庆祝人工智能学科诞生 50 周年"大型庆祝活动；同年，《智能系统学报》创刊；2009 年，由中国人工智能学会牵头，向国家学位委员会和国家教育部提出设置"智能科学与技术"学位授权一级学科的建议。

近年来，人工智能研究已提升为国家战略。2015 年 5 月，为了全面推进实施制造强国战略，国务院发布了《中国制造 2025》，其中人工智能是智能制造业不可或缺的核心技术；2015 年 7 月，"2015 中国人工智能大会"在北京召开，发表了《中国人工智能白皮书》；2016 年 4 月，工业和信息化部、国家发展改革委、财政部三部委联合印发了《机器人产业发展规划（2016—2020 年）》，描绘了"十三五"期间中国机器人产业的发展蓝图，同时中国人工智能学会联合 20 余个国家一级学会，在北京举办了"2016 全球人工智能技术大会暨人工智能 60 周年纪念活动启动仪式"；2016 年 5 月，为了明确未来三年智能产业的发展重点和具体扶持项目，国家发改委和科技部等四部门联合印发《"互联网＋"人工智能三年行动实施方案》。

目前，我国约有 10 万科技人员以及大学师生从事人工智能相关领域的学习、研究、开发与应用。中国人工智能及其产业化发展迅速，成果颇丰，其发展和应用前景不可限量。其中，具有一定智能的工业机器人、中小学生学习和陪伴机器人以及人脸识别等技术已经推广应用。

三、人工智能技术应用

21 世纪以来，人工智能技术趋于成熟，这成就了人工智能的新一轮发展高潮。以深度学习为代表的新一代机器学习模型的出现，GPU、云计算等高性能并行计算技术的应用，以及大数据的进一步成熟，构建起了支撑新一轮人工智能高速发展的重要基础。有学者认为，人工智能发展将经历以下三个阶段：

（1）第一阶段是基于规则的人工智能发展初期，专家们基于自己掌握的知识设计算法和软件，此阶段的 AI 系统通常是基于明确而又符合逻辑的规则，称为弱人工智能技术。

（2）第二阶段的 AI 系统中，人们不再直接教授 AI 系统规则和知识，而是通过开发特定类型问题的机器学习模型，基于海量数据形成智能获取能力。其中，深度学习是其典型代表。在这种技术路线下，获得高质量的大数据和高性能的计算能力成为算法成功的关键要素，称为强人工智能技术。

（3）第三阶段则可能需要借鉴人脑高级认知机理，突破深度学习方法，形成能力更强大的知识表示、学习、记忆、推理模型，称为超人工智能技术。尽管基于现有的深度学习结合大数据实现的人工智能，离真正的人工智能还有相当的距离，但业界普遍认为，在最近的 5～10 年里，人工智能仍会基于大数据来运行，并形成巨大的产业红利。因此，随着输变电工程的发展，利用人工智能技术，使电力工程设计实现智能化、自动化是大势所趋。

近年来，人工智能发展进入新阶段。经过近 70 年的演进，特别是在移动互联网、大数据、超级计算、传感网、脑科学等新理论新技术以及经济社会发展强烈需求的共同驱动下，人工智能加速发展。语音识别、视觉识别、自适应自主学习、直觉感知、综合推理、混合智能和群体智能技术，以及中文信息处理、智能监控、生物特征识别、工业机器人、服务机器人、无人驾驶技术等取得突破，逐步进入实际应用。

人工智能被誉为第四次工业革命的核心驱动力，在推动数字经济发展、助力国家能源转型方面将发挥重要作用。人工智能于 20 世纪 50 年代中期被首次提出后，由于受软硬件应用的技术局限性影响，限制了其发展，但随着大规模并行计算、大数据、深度学习算法等技术的发展，在近三十年里取得了飞速的进步，人工智能技术已广泛应用于多个领域，并为各领域的发展注入了新的活力。本节将重点介绍人工智能技术在医疗行业、自动驾驶、安全防护、工程以及其他相关领域的应用现状以及发展趋势。

（一）医疗行业

目前，人工智能技术应用在医疗行业按场景可分为 AI 医学影像、AI 辅助诊疗、AI 药物研发，AI 健康管理、AI 疾病预测、智慧医院等。

1. AI 医学影像

AI 医学影像是指将人工智能技术具体应用到医学影像的诊断上，它被认为是最有可能率先实现商业化的人工智能医疗领域。AI 医学影像领域中，根据临床数据采集内容的不同，可细分为人工智能在 CT、X 射线、超声、视网膜眼底图、内窥镜、皮肤影像等方面的应用。

2. AI 辅助诊疗

AI 辅助诊疗主要提供了医学影像、电子病历、导诊机器人、虚拟助理等服务，可以在病人电子病历的基础上，通过人工智能技术对患者信息进行推理，自动生成针对患者的精细化诊治建议，供医生决策参考，还可以利用计算机视觉技术缓解病理专家稀缺、医生素质不高的现状。

3. AI 药物研发

AI 药物研发是将人工智能技术用于药物研发上，通过人工智能技术的应用能大大地缩短药物研发周期。人工智能在新药物研发上的应用主要分为药物研发阶段和临床试验阶段两个阶段。在药物研发阶段通常使用计算机视觉、机器学习技术对药物靶点进行筛选，同时还可以挖掘可能的药物化合物。

4. AI 健康管理

AI 健康管理通过智能穿戴设备、体检中心等多个途径收集到个人的健康数据，以大数据为突破口，通过人工智能技术可以实现对用户的健康管理。人工智能在健康管理中的应用主要包括：①使用软件和 AI 技术监测慢性病患者日常生活习惯，智能给出用药指南，并提醒患者服药；②通过对日常健康行为的监测管理实现健康监控并提前进行疾病预测；③监控智能检测设备数据，对数据进行评估，以及早发现异常并发出预警。

5. AI 疾病预测

AI 疾病预测主要是通过一些健康数据、日常行为、影像，以及基因测序与监测，利用人工智能预测疾病发生的风险。

6. 智慧医院

智慧医院基于医院信息系统、临床数据中心和集成平台，结合人工智能、医疗大数据、云计算、移动互联网、物联网等技术，优化患者就医流程，构建智慧病房，节省医疗资源和患者时间，持续改善患者就医感受。通过"AI＋5G"开办互联网医院、智慧病房，让病人不出家门或在一地完成全部检查、会诊和治疗。

人工智能在我国医疗领域的应用刚刚起步，成长过程中遇到了来自各个层面的问题。当前阻碍医疗人工智能发展的一些因素包括缺少医疗人工智能复合型人才、医学数据标注困难以及数据限制开放、数据标准不统一、商业模式及各方权责不明确、缺少合作的医疗机构、数据方面存在伦理问题等。超过 50％的相关企业表示其产品已经在全国数十家甚至上百家医疗机构进行临床研究，但由于产品认证的问题，大部分应用都是服务于科研，即使应用于临床也只是给医生诊断提供参考。

（二）自动驾驶

自动驾驶汽车以雷达、计算机视觉、GPS或北斗等技术感知环境，通过先进的控制系统和决策系统实现在道路上的自动化行驶。自动驾驶技术是汽车产业与人工智能、物联网、高性能计算等新一代信息技术深度融合的产物，是当前全球汽车与交通出行领域智能化和网联化发展的主要方向，已成为各国争抢的战略制高点。根据当前主流的SAE（国际汽车工程师学会）自动驾驶标准，按其智能化、自动化程度水平划分成无自动化（L0）、辅助驾驶（L1）、部分自动化（L2）、有条件自动化（L3）、高度自动化（L4）和完全自动化（L5）6个等级。

目前，道路上行驶的典型汽车为L0级，即无自动化；一些具有速度控制，行驶过程中特定条件下可以自动驾驶的新型汽车可以被划分为L1和L2；达到商业可用状态的车辆最高级别最多可达到L3级，即有条件自动化，这些汽车可以在特定速度和道路类型下自主行驶，目前该等级比较知名的汽车品牌有比亚迪、特斯拉；当前，L4级别的汽车还处于研发阶段，该级别的车辆几乎可以处于完全自动化状态，但其无人驾驶系统只能在已知情况下使用，在未知情况下，必须由驾驶员来操控车辆；L5级别的汽车可以实现完全自动化，但就目前的研发来看，该级别的实现还需要经历漫长的发展过程。

自动驾驶技术的实现涉及环境感知和定位、路径规划、运动控制等环节。每个环节都涉及人工智能技术的应用。在环境感知和定位中，深度学习技术已经得到了广泛的应用，比如通过目标检测和语义分割等技术实现对行驶环境中各种目标的检测和区分，同时3D点云检测等技术也有大量的应用，相关技术的共同使用实现自动驾驶过程中的环境感知。路径规划指自动驾驶汽车在两点（即起始位置和所需位置）之间找到路线的能力。根据路径规划过程，自动驾驶汽车应考虑周围环境中存在的所有可能障碍物，并计算沿无碰撞路线的轨迹。如何才能较好的规划行驶路线，涉及很多人工智能算法的应用。运动控制是根据规划的行驶轨迹和速度以及当前的位置、姿态和速度，产生对油门、刹车、方向盘和变速杆的控制命令，该部分也已经有很多人工智能技术应用的研究。

在自动驾驶领域，传感器融合是发展趋势。传感器硬件成本是制约自动驾驶规模化商业落地的重要因素，尤其是激光雷达的成本极高，长期看成本下降是趋势所在。大规模真实数据安全性的提升，各种传感器的精准判断以及大规模数据的不断迭代也是未来发展趋势。

目前，我国在高速铁路、城市地铁、港口内部运输等领域，已经实现了无人驾驶行驶运行，经济性和可靠性大大提高。

（三）安全防护

智能安全防护技术是一种利用人工智能对视频、图像进行存储和分析，从中识别安全隐患并对其进行处理的技术。与传统安全防护行业相比，智能安全防护引入人工智能技术，降低对人工的依赖，可以自动化、智动化地实现实时的安全防范和处理。

当前，智能分析、高清视频等技术的发展，使得安全防护领域从传统的被动防御向主动预警和判断发展，由于智能化技术的快速发展和应用，行业也从单一的安全领域向多行业应用发展，通过相关技术为更多的行业和人群提供可视化及智能化方案，进而提升生产效率并提高生活智能化程度。目前，随着监控设备的普及和大量应用，用户将面临海量的视频数据，对于这些数据从人工的角度已无法简单利用人海战术进行检索和分析，需要采用人工智能技术实现智能化的检索和分析能力，实时的分析视频内容，探测异常信息，进行风险预测。从技术层面来讲，目前国内智能安全防护分析技术主要分成下述两大类：

（1）采用实例/语义分割等方法对视频画面中的目标进行提取检测，通过不同的规则来区分不同的事件，从而实现不同的判断并产生相应的报警联动等，例如打架斗殴检测、区域入侵分析、交通安全事件检测、人员聚集分析等。

（2）利用模式识别技术，通过深度学习等相关技术利用大量的数据进行训练，从而实现对视频中的特定物体进行识别，如人脸检测、车辆检测、人流统计等应用。

智能安全防护目前涵盖多个领域，如道路、街道社区、机动车辆、楼宇建筑监控、移动物体监测等。今后智能安全防护还要解决海量视频数据分析、数据传输及存储控制问题，将云计算、智能视频分析技术及云存储技术结合起来，构建智慧城市下的安全防护体系。

（四）工程领域

在工程领域，人工智能在机械电子工程、水利工程、石油工程、电力系统中应用广泛。

1. 机械电子工程

机械电子工程又译为机电一体化技术，它是由机械工程与电子工程、智能技术等技术手段结合而成的发展领域，是 20 世纪 80 年代随着微电子技术高度发展而兴起的一门新技术。机械电子工程来源于英文名词 Mechatronics，在欧洲经济共同体内部，普遍把它定义为：在设外产品或制造系统时所思考的精密机械工程、电子控制以及系统的最佳协同组合。自 20 世纪 80 年代初以来，机械电子工程行业发展日益迅速，现已成为我国国民经济的重要支柱。机械电子行业竞争日益激烈，要想取得长足发展，必须结合社会发展需求，通过技术创新，将机电产品向着更加智能化和自动化发展。近年来，由于人工智能技术不断完善，将人工智能应用到机械电子工程当中能够不断提高智能控制水平，提高机械的工作效率，使机械电子工程迈向智能化。

（1）提高设备运行精准度。机械电子在我们的日常生活中广泛存在，常见的机械电子技术的产品有新型汽车发动机、计算机数控（CNC）机床、模块式工业机器人、游艇自动驾驶仪、自动售票机等。随着工业化进程不断加快，对机械电子设备的精确度要求也越来越高。机械电子工程本身具有极度的复杂性，在精确度上难以保证，对操作技术要求较高，在实际应用的过程中，会存在一定的不稳定因素。利用人工智能技术，改变了传统的模式，有效降低了机械运行中的数据错误，能够对机电系统实施准确控制，不仅提升了机械电子的工作效率，还能保证机电系统平稳运行，提高了设备的控制精度。机械电子包括超声波传感、自动识别和激光扫描三项核心技术，保证了精准测量、精确控制和可靠的数据传输。

（2）设备故障诊断。人工智能技术有强大的信息处理能力与数据计算能力，会将计算的错误率大大降低。如若设备在运转期间出现故障，人工智能技术能够对其运行状态进行实时监控和检测，并及时进行反应，对故障进行报警并分析，输出具体故障位置和故障类型，为故障诊断提供参考，使管理人员尽早发现，对故障及早维修，降低了在故障诊断方面的投入成本，保证机械电子工程的工作效率，增强了机械电子工程的稳定性。

2. 水利工程

近年来，水利部大力推进智慧水利建设，强化人工智能、5G、物联网等与水利工作深度融合。2021 年水利部印发了《关于大力推进智慧水利建设的指导意见》《"十四五"期间推进智慧水利建设实施方案》，要求加快构建具有预报、预警、预演、预案功能的智慧水利体系，到 2035 年，各项水利治理管理活动全面实现数字化、网络化、智能化。人工智能与水利工程管理工作进行衔接，已在模拟水利工程运行、洪水监测与预警中，得到了良好的实践效果。

（1）水利工程运行动态模拟。人工智能系统具有自我学习、推理、判断和自适应能力。借助于人工智能技术优势，可以对水利工程运行进行动态模拟，对设备运行状态进行动态化展示，让管理人员能够更加清晰直观地观察到水利工程管理工作的流程。对于在动态模拟中发现的问题能够及时分析和更正，及时查漏补缺，提高管理的预设性和先导性，统筹提升智慧化管理和服务水平。

（2）安全监测与预警。为建设智慧水利，水利部提出：①在预报方面，集成"降水—产流—汇流—演进"全过程模型；②在预警方面，扩展防洪风险影响和薄弱环节判别，以及主要江河风险防控目标识别等功能。利用人工智能可以建立安全监测系统，将监测数据采集到数据库，对其进行实时监控，如若发生灾害，能够通过语音、电话和图像信息发布警报信息，同时能对突发情况进行深入分析，提供有效解决问题的方案，使管理人员迅速处理水利工程管理中的突发事件，提升水旱灾害防御能力。

3. 石油工程

人工智能技术发展迅速，对石油工程产业转型升级以及技术创新等方面产生了深刻影响，将人工智能应用在数据收集与分析、油田产量和质量、石油地震勘探等方面，能有效推动石油行业向高质量跃升。

（1）数据收集与分析。由于石油行业需要进行井下地层参数采集、测井数据传输，而储集层具有非均质性、探测对象十分复杂、测井作业环境多样化和复杂化特点，因此利用人工智能，进行数据搜集任务，将收集到的数据进行处理和分析，并应用于后期的工作中，能够帮助工作人员做出更科学的决策。

（2）油田产量和质量。采用人工智能技术的方式，合理选择层位、施工井，逐渐优化压裂施工设计方案，并且自动对油井和热洗的生产数据加以有效优化，不仅可以确保石油工程作业方式更加精确，并且可以全面提升油田的产量和质量，使油田产出最大化。利用人工智能技术进行设备维护，能够对故障早预警、早发现，确保石油工程项目有序进行。

（3）石油地震勘探。地震勘探是指人工激发所引起的弹性波利用地下介质弹性和密度的差异，通过观测和分析人工地震产生的地震波在地下的传播规律，推断地下岩层的性质和形态的地球物理勘探方法。利用人工智能技术进行石油地震勘探，能够更高效、更精细地描述油气田地质模型，助力地震资料分析，为更精确钻井提供坚实基础。

4. 电力系统

随着社会的发展和技术的进步，能源结构从单一传统能源向多源清洁能源转变，而未来分布式电源大规模接入的不确定性、不同类型的能源终端相互耦合以及多种能源的时空不同步特征使电网的结构趋向复杂和灵活。同时伴随我国市场经济的深入及智能电网的兴起，电力市场交易方式的变革是其发展的必然产物。在此情况下，电力系统呈现出复杂非线性、不确定性、时空差异性等特点，使传统分析方法在电力系统调度、规划、交易方式等方面面临诸多挑战。以先进的传感器技术和计算机技术作为支撑的人工智能技术可能会改变传统的分析方法，形成一种更为灵活和自主的新模式，有助于促进现代电力系统的安全、经济和可靠性的发展。人工智能将是解决这一类控制与决策问题的有效措施之一。

自 20 世纪 80 年代提出专家系统以来，人工智能算法在电力系统中的应用探索就从未停歇。目前，随着人工智能算法的有效改进，多源异构大数据模式逐渐形成，不断积累数据量，人工智能在电力系统中的应用又迎来了全新的机遇与挑战。下面将从感知预测、管理控制、安全维护三个方面简述人工智能技术在电力系统中的应用。

（1）感知预测。感知预测是指对环境中元素的感知、对当前形势的理解，以及对未来状况的投影。电力系统感知预测主要包括负荷预测、可再生能源发电预测、稳定裕度预测、电压谐波预测、发电机频率预测等。自电力系统概念形成之日起，负荷预测就是研究的重中之重，也是其他电力研究的基础，然而随着电网规模逐步扩大与分布式电网结构的形成，可再生能源发电预测逐渐兴起。

1）负荷预测。1975 年，Dillon 等首次利用人工神经网络的自学习功能进行负荷预测，并在第五次电力系统计算会议（PSCC）上宣读了相关研究成果，这次尝试虽然只停留在理论研究阶段，但拉开了人工智能在电力系统感知预测领域的序幕。

智能电网背景下电力系统数据呈现出多源异构的大数据特性，数据量大、复杂程度高，智能传感技术的发展使得负荷预测数据采样频率提高，这为深度学习在电力负荷预测领域的应用提供了契机，也提出了要求。长短时记忆神经网络（longshort - termmemory，LSTM）利用其特殊的网络结构，可以实现时间序列预测分析，即利用过去一段时间内某事件时间的特征来预测未来一段时间内该事件的特征。与传统回归分析模型的预测不同，这是一类相对比较复杂的预测建模问题，模型依赖于事件发生的先后顺序，预测精度高，且同时适用于短期、中期、长期预测。

2）可再生能源发电预测。高比例可再生能源成为智能电网未来发展的一个突出特征，风电和光伏作为当前较为成熟的可再生能源发电技术，具有较强的波动性和随机性。早期的风电、光伏发电功率预测主要依赖于统计学理论，随着研究的深入，小波变换、人工神经网络、支持向量机等方法逐渐融入其中，使其可以在地形复杂、风向或光照随机散乱的情况下初步实现分级预测。与负荷预测原理相似，LSTM 同样可以有效应用在风力发电、光伏发电等新能源功率预测中，除此之外，其他深度学习方法在可再生能源发电领域也有很多尝试。使用深度置信网络（Deep Belief Network，DBN）能够有效提取复杂风速和光伏数据序列的非线性结构和不变性特征，进而对风电和光伏功率进行预测。利用深度卷积神经网络（Deep Convolutional Neural Network，DCNN）对光照数据进行特征提取，能够提高预测的准确度和速度。

（2）管理控制。电力系统的管理控制技术主要由规划和运行控制两方面组成，规划是电力系统安全经济运行的必要手段，运行控制是为了电力系统的有功与无功出力时刻与负荷保持平衡，以保证优质经济的电能供应。

1）能源消纳与能量管理。在能源结构变革、新能源产业高速发展、分布式可再生能源高比例渗透的环境下，对能源的规划调度逐渐成为重点研究领域。有学者在区域综合能源系统的背景下，基于多智能体系统（Multi - Agent Systems，MAS）搭建包含主管层、区域层、设备层的3层交互结构，实现空间尺度上不同实体的相互作用，提高了能源消纳率与能源使用效率。随着微电网大范围接入电网，一定区域内的多个微电网互联形成多微电网系统，有研究为了实现电力市场的管理以及交互，搭建了多微电网系统中的多智能体模型，将博弈论的思想应用于人工智能领域，采取合作博弈的手段，以各微电网网损最小为目标进行能量管理。在智能电网、微电网、多能源互联系统、微能源网等多种现代综合能源应用场景中，电力系统的管理控制已经逐渐从单一或少量目标的最优控制发展为复杂场景下多层多区最优化问题。人工智能技术的引入恰恰为解决这一问题带来了契机。

2）电压控制。在电力系统中，通过人工智能能够有效提高电压的控制效率，电压控制是一个复杂的过程，不仅需要计算相应电压的潮流结果，还需预测未来的电流负荷，这些在智能电网的控制下能够轻松实现。专家系统、人工神经网络、遗传算法、模糊逻辑等较为成熟的人工智能算法已经广泛应用于电压控制领域中。国内学者提出了基于多智能体协调的二级电压控制，通过多智能体建立一种适用于分散自治控制的最优控制律，获得了含光伏发电的电压最优控制性能。

（3）安全维护。为了使电力系统突然发生扰动时仍不间断地向用户提供电力，或发生系统崩溃时能够尽快判断故障类型、确定故障位置并恢复供电，需要研究以电力巡检、故障诊断、寿命评估为主要方向的电力系统安全维护技术。

1）电力巡检。人工智能在电力巡检中的应用主要集中于输电线路，输电线路在正常运行过程中，很容易受到自然因素和人为因素的影响导致破坏，对整个电力系统的稳定运行造成影响。在很多情况下，输电线路分布在荒郊野外，恶劣的环境使传统人工巡检、GPS巡检技术捉襟见肘，而无人机技术、智能机器人技术与深度学习图像识别技术的发展使无人巡检成为可能。

将音视频监测系统、定点采集系统、上位机系统集成到机器人上，机器人可以采集相应位置的音频、视频传到控制终端，相关工作人员可以通过远程操作机器人进行巡检。以无人机的航拍图像为基础数据进行识别是近两年电力巡检的主要发展方向，借助深度卷积神经网络的特征提取与分类功能可有效区分绝缘子、变压器、断路器、输电线电杆和输电线铁塔等电力设备，并实现电力杆塔倾斜等自动识别。

2）故障诊断。电力系统故障诊断按诊断对象可以分为输电线路故障和电力设备故障，按诊断目的可以分为判断事故类型和定位故障位置。在输电线路故障中，架空线路接地、短路方面的问题与开关跳闸问题是比较常见的电气故障，此外，输电线路导线电缆物理损伤也会造成一系列的故障发生。基于人工智能技术的输电线路故障诊断主要包括故障分类、故障定位和故障预测几个方面，常用的方法包括支持向量机（Support Vector Mechine，SVM）、LSTM、模糊推理系统、极限学习机等。

人工智能在线路故障定位上的应用较故障诊断更加广泛，有学者基于人工神经网络提出非直接接地中性点系统单相接地故障的输电线路故障定位方法。也有学者基于本征模函数（Intrinsic Mode Function，IMF）特征能量矩的故障信息提取方法，利用SVM进行故障定位，且仅需测量故障电流就可以准确、有效地识别故障区段。近年来，对输电线路故障的研究越来越趋向判断事故类型和定位故障位置同时进行的方向发展，分别借助自适应神经模糊推理系统和小波极限学习机这种新型机器学习算法对输电线路故障同时进行分类与定位。

电力设备故障常见于汽轮机、锅炉、旋转电机等发电设备与变压器、断路器、互感器等输变电设备中，其中人工智能在变压器故障中的应用发展较快，很多深度学习算法已经成功应用于故障识别中，诸多研究对比了不同机器学习算法及融合算法在基于溶解气体分析的变压器故障诊断中的应用效果。借助深度置信网络，将诊断范围由单一故障扩展为单一故障与多重故障相结合，振动信号同样可以用于诊断变压器故障。除此之外，人工智能在互感器故障智能诊断方面也有一定研究。

3）寿命评估。电力系统的寿命主要取决于电力设备的使用寿命，为有效延长电力设备的使用寿命，让电力系统的投资和回报达到最佳平衡，必须进行寿命评估。变压器的寿命由于其影响因素的多维性而较难计算，通过变压器绝缘老化在线检测分析的模型，叙述了人工神经网络在变压器绝缘老化程度诊断和寿命评估方面应用的可行性和有效性，给决策者提供了更为详细和多元化的检修信息。

（五）其他相关领域

人工智能技术在智能制造、智能家居、智能金融、智能交通、智能物流等多个领域都有广泛的应用。

1. 智能制造

智能制造是将新一代信息技术与先进制造技术相结合，贯穿于设计、生产、管理、服务等制造活动的各个环节，具有自感知、自学习、自决策、自执行、自适应等功能的新型生产方式。人工智能技术在智能制造方面的应用主要体现在智能装备、智能工厂和智能服务三个方面。相关技术涉及人机交互、机器人、跨媒体分析推理、自然语言处理以及无人系统等多个方面。

2. 智能家居

智能家居以住宅为平台，通过物联网技术，由硬件、软件系统、云计算平台构成的家居生态圈，实现人远程控制设备、设备间互联互通、设备自我学习等功能，并通过收集、分析用户行为数据为用户提供个性化生活服务，使家居生活更加安全、节能、便捷。

3. 智能金融

人工智能的发展给金融业带来了深刻影响。基于大数据，人工智能通过海量数据的挖掘在金融业中可以用于支持授信、服务客户，金融分析中的决策和各类金融交易可以用于风险监督和防控。通过生物识别技术和计算机视觉技术，可以快速地对用户身份进行验证，大幅降低核验成本，有助于提高安全性。通过大数据技术对金融用户的数据进行分析，可以挖掘潜在的金融客户。基于自然语言处理能力和语音识别能力开发出的智能客服系统，可以拓展客服领域的深度和广度，大幅降低服务成本，提升服务体验。

4. 智能交通

智能交通是通信、信息和控制技术在交通系统中集成应用的产物。智能交通借助现代科技手段和设备，实现各核心交通元素信息互通，对交通资源优化配置和高效使用，实现高效、安全、便捷和低碳的交通环境。例如通过 ETC 系统实现对通过 ETC 入口站的车辆身份及信息自动采集、收费和放行，有效简化收费管理、提高通行能力、降低环境污染。通过实时的交通监控系统统计和监测车辆流量、行车速度等信息，自动分析实时路况，同时决策系统按照实时的路况分析调整道路红绿灯时长，并调整可变车道或潮汐车道的通行方向等。

5. 智能物流

物流企业利用条形码、射频识别，以及大数据技术进行数据分析，建立相关预测模型，优化改善运输、仓储、配送装卸等物流业基本活动。使用推理规划、智能搜索、智能机器人等技术，实现货物运输过程的自动化运作和高效率优化管理，提高物流效率。

四、人工智能在输电线路智能设计与造价领域的应用前景

随着我国经济社会发展取得巨大进步，电力工程也取得了显著成就，在经济社会发展和科技进步的持续推动下，我国电网建设从超高压时代迈入了特高压新时代，随之而来的是更加复杂的用电环境与更高的电力需求。输电线路承担着运输电能的任务，是电网的关键构成要素，输电线路规划设计作为电网设计中极其重要的一个环节，其水平高低关系着电力系统能否持续协调稳定运行。随着电力工程规模的不断扩大，其工程设计的复杂性也不断提高，因此对输电线路的设计提出了更高的要求，如何利用新兴技术来优化设计方案、提升设计工作效率，以及如何把新的智能化方法应用于输电线路设计变得迫在眉睫。

输电线路设计阶段主要通过设计人员根据设计经验和现场踏勘情况进行杆塔的定位，完成定位之后再进行基础配置和设计。输电线路设计规划建设成本高、周期长、条件严格，包括了电气设计、基础设计、路径选择、绝缘配合设计、接地设计、各种类型杆塔设计等任务。随着路径越来越复杂，设计难度不断增加，经常出现设计方案反复调整的情况。采用新的技术手段利用智能方法完成输电线路的规划和设计，能够有效地降低设计人员工作压力，将设计人员从繁重的重复劳动中解放出来，集中精力攻关设计关键点，有效降低人因错误，提高线路设计质量，具有广阔的应用前景。

随着大数据、云计算、人工神经网络等技术的融合发展，人工智能在计算机视觉、自然语言处理、语音处理等领域已获得巨大成功，为电力行业的数字化、智能化转型升级带来新的思路和方案，在电网设计运维、调度控制、安全管理、客户服务等领域应用前景广阔。将人工智能技术应用在输电线路智能设计领域，能够对输电线路路径进行规划，识别周围环境，将水保、地质、地形、拆迁等选线制约因素考虑在内，得到线路路径最优方案，并且还能够选择多个路径方案进行比较，以最高的工作效率达到架线的效果。此外，人工智能还能够对不同地形地貌进行识别，利用图像识别技术，智能判断周围物体的高度与种类，判断输电线路走向是否与周围环境相协调等。

在人工智能在输电线路智能设计与造价应用方面，国内外学者已经进行了初步探索，为智能设计提供了一定理论基础，主要为在满足规划期的输电要求下，基于负荷预测和电源规划，确定使输电系统经济效益最优的输电线路的建设方案。通过文献研究形成了一种综合考虑成本和风险的多目标输电规划模型，采用多目标进化算法寻找输电规划方案的帕累托最优解，该智能算法将多目标优化问题分解为一组优化子问题进行求解，每个子问题

的优化信息仅来源于相邻的子问题，从而降低了计算复杂度。

人工智能技术在输电工程设计领域具有广阔的应用前景，能够极大地提高设计质量和设计效率，乃至改变工程设计方式，实现电网工程设计变革。随着科技的发展以及创新能力的需求，输电工程设计趋近人工智能化是大势所趋。

目前，在输电工程设计过程中，还是人工设计为主。如应用人工智能的相关技术，建立输电工程设计人工智能体系，构建以知识库为基础的深度学习模型，基于数据形成具有自主逻辑推理算法能力的智能自主设计系统，避免主观因素影响设计质量，可以提高设计效率，减少人力物力资源的浪费。

（一）人工智能技术分析解读原始资料及设计规范

应用图像识别技术识别输电线路工程设计原始资料，再通过语义识别技术理解各项分析结果以得到原始资料中的各项关键信息，如待建线路建设规模、线路路径坐标、负荷条件等，作为该待建输电线路的原始输入条件。应用图像识别技术识别相关输电线路工程设计规范，包括国家标准和行业规范，再通过语义识别技术理解各项分析结果以得到设计规范中的各项设计的约束限制，用于指导设计过程和校验设计结果。使用人工智能技术辅助理解可行性研究报告，从可行性研究报告中获取各项关键信息，这对进一步科学合理的确定详细具体的工程设计方案具有重要的参考价值和指导意义。另外，人工智能技术提供的高效算法减少了人力计算的时间，并降低了由于人力计算而出现的错误率，提高了可行性报告理解效率与准确度。

（二）人工智能技术选择和确定输电线路路径及变电站站址

在确定变电站选址时，需要综合考虑靠近负荷中心、节约用地、少占良田、地形、地质、线路走廊、交通运输、气象、防洪、防污与城乡建设发展规划相一致等因素，以合理确定变电站站址和塔架的设置位置。通过图像识别技术提取地理位置特征，如道路走向、地形地貌、周围建筑等，建立统一规范的地理环境模型，可以获得最大涝水深度、与负荷中心的空间距离、大型设备运输线路距离、新建进站道路、站内供水方式等变电站选址评价指标的相关数据。通过图像识别技术提取地质条件特征，如土壤组成、地质构造、山体坡度等，建立统一规范的地质环境模型，可以获得占用土地性质、土地承载力标准等变电站选址评价指标的相关数据。而在输电线路路径选择中，也可以应用相同技术，识别周围环境种类，综合考虑环评、水保、地质、地形、拆迁等选线制约因素，自动规划可行线路路径。使用人工智能技术辅助选择确定输电线路路径和变电站站址，目标在于使用其提供的相关数据进行专业合理的评价和考量，以最少的脑力劳动和最高的工作效率达到合理架线、合理选址的效果。

（三）人工智能算法物类甄别与地面高程信息处理

输电线路设计中路径选择应综合考虑地理条件、居民影响、人工与自然环境条件等各方面因素。这使得对高精度卫星图片进行物类甄别，以识别不同特征地貌与建筑，成为了智能路径选择的重点。利用人工智能技术中的深度学习技术，训练神经网络，结合从卫星图片上获取的高程数据信息，可以对高精度卫星图片进行智能物类甄别，智能判断周围物体的高度与种类，智能判断输电线路走向与周围环境是否符合设计规范，以便于选出输电走廊的最优设计。而在变电站设计中，也可以应用相同技术，识别周围环境种类，综合考虑输电走廊的配合与环境设计规范，选择合适的变电站站址。

（四）人工智能技术输变电工程造价分析

输变电工程造价分析可用于项目的设计指导和施工指导。工程造价分析数据来源于工程项目，反过来又可以指导项目的设计和施工，对项目的持续改进具有重要作用。已有研究证明，项目的工程造价会因全过程乃至全生命周期中各个阶段的影响而发生变化，其中最核心的影响阶段为可行性研究阶段，其可对工程造价产生 70％～80％ 的影响，造价分析工作的深入开展能够辅助建设项目在可行性研究阶段确定一个较为准确的投资估算，以确保其他阶段的造价在预定范围内得到控制，使得估算、概算和预算的精度得以提高。在输变电工程造价分析中引入智能分析算法，能够提升分析效率和水平。智能算法相比传统算法具有更快的运行效率、更全面的参数设置，因此也往往具有更高的分析精度，建立输变电工程造价智能分析模型，可简化评价过程中的人为操作，提升评价模型的智能性。

第二节 智能设计与造价

一、智能设计与造价的概念

随着新技术的发展，基于新兴技术深度融合的智能建造、智慧运营理论正受到行业关注。在建筑领域，有学者提出智能建造是新信息技术与工程建造融合形成的工程建造创新模式，通过规范化建模、网络化交互、可视化认知、高性能计算以及智能化决策支持，实现数字链驱动下的工程立项策划、规划设计、施工生产、运维服务一体化集成与高效率协同。也有人提出，智慧运营是在设计和施工建造过程中，采用现代先进技术手段，通过人机交互、感知、决策、执行和反馈提高品质和效率的工程活动。

通过智能建造、智慧运营的定义可以看出，在对"智能""智慧"的内涵理解上，大家更强调一种类似人脑的高级的综合能力，如思考、分析、推理、决定等，强调基于技术综合利用实现的业务系统自感知、自适应、自学习、自决策、自执行。

基于在建筑、交通等领域对"智慧"的理解，可总结出输电线路智能设计是一种在人工智能、大数据等多种新兴技术高度融合的基础上，依托工程全生命周期智能建造、智慧运营的理念，利用新技术整合勘测、电气、水文、结构等设计业务全链条，实现信息高度集成、数据自由流通、业务多方协同、资源高效共享，从而实现对设计全过程的智慧赋能，并达成线路设计工作能效提升、资源价值最大化的工作方式。

智能设计是利用各类新兴技术的融合，对传统输电线路设计业务流程的智能化升级，涉及智能决策、智能设计、智能评价的全业务链活动。经过智能设计赋能后，传统输电线路设计将具备自感知、自适应、自学习、自决策、自执行等特征。在设计过程中主要强调以下内容：一是面向工程全生命周期智能建造、智慧运营理念重塑智能设计体系；二是新技术对设计全过程全要素智能化赋能；三是实现设计业务链的资源整合和工作协同；四是实现从经验驱动升级至数据驱动、价值驱动的智慧决策。

输电线路智能设计与造价，是指基于高精度多源地理信息数据，采用人工智能、大数据等先进技术，具有设计、比对、评估、迭代的质量控制过程和较高自动化程度，能够满足技术经济一体化，实现智能路径规划、智能导地线选型、智能绝缘配合、自动造价计算等功能的全方位数字化设计方法。其目的旨在对工程项目开展精准化、精细化、数字化、立体化、空间化设计，进一步大幅度提升设计质量和效率，减少人为影响因素，实现精准设计、精细算价，具有高度自动化的思考、推理、自检、纠错、评估等功能。这一概念是基于设计技术新发展和设计结果新要求的理念创新，具有高度的独立设计和整体设计的灵活性，能够满足各种复杂条件下的设计要求，将充分利用传统电网设计的可靠经验和多种先进新技术手段的优势，构建具有良好适应性、灵活性和学习性的电网设计高度自动化、数字化智慧平台，实现设计阶段一体化、技术与经济一体化、设计和评估（评审）一体化。输电线路智能设计与造价功能如图 2-2 所示。

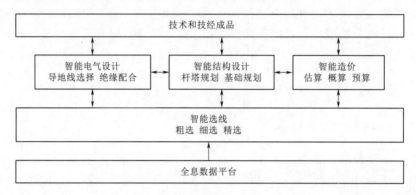

图 2-2　输电线路智能设计与造价功能

二、智能设计与造价的内容

智能设计与造价是全新的技术，颠覆传统线路设计理念和方法。具有丰富的内容。

（一）主要方法

1. 信息集成

信息集成是指基于信息物理系统（Cyber Physical Systems，CPS）的数据处理逻辑实现海量多源数据的高度集成。智能设计从经验模式升级为智能数据驱动模式，其核心在于利用 CPS 的数据处理逻辑实现海量多源数据的集成应用，增强设计实时使用各种信息解决阶段内单个问题的能力。

CPS 集成了感知、通信、计算、控制等信息技术，构建了高效协同、实时交互的信息集成系统，被广泛使用于各个领域的数据收集和分析工作，提供了一种数据处理的框架逻辑，即数据感知、数据传输、实时分析、控制决策。智能设计的信息集成底层逻辑是基于 CPS 进行构建的，其框架为数据感知层、数据传输层、数据分析层和数据应用层。

2. 业务协同

业务协同是指以数据驱动为主要动力，以 BIM 为载体实现设计工作的智慧协同。BIM 的数字化模型在工程建造活动中所发挥的作用表明，BIM 不止是一个可视化的三维模型，更是一个数据资源汇集的平台，是建设数据的载体。BIM 的数据在整个设计—施工活动中是根据物理空间的实际情况进行实时更新迭代的，与建筑实体相互映射。因此

BIM作为数据的入口和出口，统一了数据格式，确保了数据的完整性，为技术应用的集成提供了数据基础。

数字化设计面向建造活动的全过程和全阶段，实现了阶段内部的信息集成和单点技术应用场景，但这种点式解决方案会使设计企业失去从整个业务流提取数据信息和资源的能力。只有打通各专业间的技术及岗位壁垒，基于跨阶段跨部门跨地域的数据交互、资源调配和信息反馈需求形成新的业务协同逻辑，才能实现智能设计。

智能设计的业务协同逻辑是指设计相关参与方之间的数据交互和资源共享的行为方式，以及信息流动的方式。智能设计的新业务逻辑改变了传统的业务逻辑和工作流程，以数据驱动为主要动力，以BIM为数据的核心载体，进行设计全过程节点组件化设计，通过构建统一的数据标准、数据流通渠道，促进信息的充分流动，实现资源自由调配和共享，最终达成设计成果的持续自主优化迭代。

3. 智能决策

智能决策指新技术给决策阶段进行升级，包括决策思路的升级和决策工具的升级。

决策思路由经验决策升级为智能数据决策。电网设计活动中产生的大量数据、各个阶段的决策、管理等均是由数据支持的，数据成为新的生产要素。电网设计需要利用新技术来挖掘数据规律、分析数据价值，从而辅助决策。

决策工具从统计分析改为智能分析。人工智能、大数据、增强现实（Augmented Reality，AR）等技术利用决策阶段的信息搭建数据模型对实际情况进行高度自主的模拟仿真和预测，从而优化决策。

（二）主要内容

智能设计与造价，旨在工程项目各个设计阶段，采用设计、比对、评估、优化多步多次迭代，获得整体最优化设计方案，形成高质量、高水平设计产品。主要内容如下：

（1）使用输电线路路径评价方法和路径优化计算模型，实现线路路径自动避让特征区域，形成考虑区域高差的路径优选方案。

（2）提供多项备选方案，并给出比选方案的初步技术经济特性，辅助设计人员进行选线工作。

（3）实现给定路径的输电线路智能优化排位功能，进行初步杆塔排位。

（4）综合考虑电气性能、机械性能、经济性等因素，自动进行导线智能比选并输出比选结果。

（5）综合考虑污区和海拔因素，自动进行智能绝缘配合计算并进行金具和绝缘子配置。

（6）实现全线路批量长短腿基础智能配置设计。

（7）实现三维设计标准化的模型数据导入，自动提取设计模型附带的各种属性信息并套取定额，映射到造价平台形成工程造价。

（三）主要目标

输电线路智能设计应将电气技术、检测技术、通信技术和人工智能技术结合起来，实现线路运行状态的检测、分析、识别，并建立信息化、自动化管理。智能化输电线路首先采用巡检手段和在线检测手段获取线路运行情况，建立统一数据平台，并且进行分析、评估和诊断，对电力系统运行和管理提供相应的应对之策，实现数据共享和互动，输电线路智能设计预期实现的目标有如下几点：

1. 智能化和信息化

输电线路的智能化和信息化指的是利用传感器技术、遥感技术、通信技术和信息技术实现对电力系统运行进行智能化控制，将采集来的数据进行整合和分析，建立共享平台，并且作为基础性数据进行分析比较，判断电力系统输电线路的运行状态。降低人为因素带来的漏检或者错检，实现了无人检测即在无需要安装特殊设备的条件下自动定位、自动定时，人员考勤自动化，信息记录规范化等。

2. 安全性和可靠性

电力系统输电线路安全性和可靠性指的是输电线路具有抵御极端恶劣情况的能力，对于外部打击也具有一定的自愈能力。输电线路能够通过自我故障诊断、定位，及时准确地找出故障地点，并且制定相应的处理措施，减少输电线路停电事故，保证供电的连续性和可靠性。通过自动化设备完成数据存储、查询、分析、汇总和报表输出，保证全过程高效监管。智能化输电线路采用分级代码管理模式，进行缺陷分类管理，为用户远程监控提供了极大的灵活性，同时也最大限度地提高了安全性和可靠性。

3. 经济性和环保性

提高电力系统输电线路运行的经济性主要是通过大量信息融合，评估电能运行效率，通过调控、优化输电线路运行方式，减少线路损耗，提升电网运行效率和资产利用率，降低减少线路造价。智能化电力系统提高了输电容量，减少新建输电线路，改善了生态环境，节约了土地资源和材料资源。由于采用自动无人巡查模式，所以节约了人力资源的投入，有效提高故障诊断的可靠性，提高了经济效益和社会效益。

三、智能设计与造价的基础

地理信息处理技术、三维仿真技术和人工智能技术的应用，为实现输电线路智能设计与造价提供了理论基础。此外，国内外公司也开发了多种设计软件，为输电线路智能设计与造价方法的落地与平台化提供了应用基础。

1. 国外线路设计软件

输电线路计算机辅助设计（Power Line Systems - Computer Aided Design and Drafting，PLS - CADD），是由美国 Power Line Systems 公司开发用于架空线路分析与设计的软件在 Windows 操作系统上运行。PLS - CADD 其核心是通过复杂的三维工程模型将所有地形、铁塔、绝缘子和导线整合到同一个计算机环境中，并能显示平面图、断面图和三维视图。

PLS - CADD 软件的嵌入性非常好，根据不同功能需求，可以加载显示激光探测与测量（Light detection and ranging，Li - DAR）技术获取的不同类型的线路点云数据（比如杆塔点云、植被点云、建筑物点云等），以便于浏览或计算分析。除了加载点云数据，它还可以使用模型数据、影像数据等，比如利用 AutoCAD 设计的输电线路模型便可以直接加载入 PLS - CADD 软件。

PLS - CADD 软件通过加载不同类别的点云数据、杆塔导线模型以及正射影像数据后，生成可浏览的输电线路三维场景。通过角度转换可对线路的走势、走廊内的地形、植被、建筑物、各种交叉跨越等情况进行全方位、多角度观察。

PLS－CADD 在设计时，内部包含了不同国家的各种电力标准，如：电气与电子工程师协会标准 NESC 2007《National Electrical Safety Code》、国际电工委员会标准 IEC 60826《Design criteria of over head transmission lines》等，在电力设计时，可以根据需要很方便地选择运用。

线路模型建立以及相应的规范编制设置完成后，利用 PLS－CADD 软件强大工程分析计算能力对线路运行情况开展分析，进行各种工况条件下危险点智能校验与分析，通过结果分析指导施工人员开展工作。

PLS－CADD 软件输电线路的设计过程以人力为主，缺乏智能化的设计技术。

2. 国内线路设计软件

架空线路三维设计平台以及一系列具有自主知识产权的线路设计相关软件产品，充分整合输电线路设计领域的各项关键环节，实现输电线路信息流的顺利传递，提高设计效率及质量。道亨时代在图形数据的实时应用等关键技术方面，已经达到或超过国外同类产品，是国内输电线路设计软件中的主流设计软件，包括输电线路数字化选线系列软件、输电线路勘测设计系列软件、输电线路高级电气分析系列软件、杆塔结构设计系列软件、杆塔基础设计系列软件、杆塔生产放样系列软件。

线路三维设计负责获取线路总承 GIS 数据，在接收到数据后进行解析，接入外部软件测量数据开展三维设计工作，包括电气设计、结构设计，并进行三维空间计算校核，输出计算书及图纸，通过数据发布服务向线路基础数据库提交设计成果。

道亨 SLW3D 架空送电线路三维设计系统目前的设计过程以人力为主，缺乏智能化技术，但在其平台的基础上，可通过结合人工智能、大数据、输电 GIS 等先进技术，为实现输电线路智能设计与造价方法平台化提供可行途径。

目前，国内市场上的算量软件，均为第一代算量软件，需要造价人员重新翻模并定义相关的设计信息以及造价信息。这种模式在计算机辅助造价的历史上提供了可借鉴方案，起到了积极作用。但由于需要重复建模，难免在数据传递过程中出现丢失、错误、不可追溯等问题。随着三维设计的不断落实，这种模式必然需要改变。如何复用三维设计成果进行自动工程量计算这个课题必然需要攻克。

近年来，随着信息技术的高速发展，三维设计凭借其可视化、标准化、信息化等优势，逐渐成为设计领域的发展趋势。目前，输变电设计工作已逐渐普及了数字化设计技术。

在工程算量的整个过程中，工程量的计算无异于最耗时，也是最费力的工作。传统的清单模式中，工程算量占据了造价人员大量时间，在完成机械的算量工作后，造价人员还需要对工程清单进行详细的描述，所以工程量的计算成为了传统工程造价的关键工作。

传统造价已初步应用了数字化技术，开发了一系列制图软件及平台，造价软件的建设主要分为以下内容：

（1）数据库系统的设计与开发。该部分主要包括数据库体系的设计与实现、数据采集、数据分析与数据管理功能。该部分是软件的重要组成部分和基础支撑系统，它具备多种数据接口。通过这些数据接口可以与数据中心以及项目管理、综合计划管理等业务应用系统、外部市场行情信息系统、通用行业软件、专业计算软件进行数据交换，为系统提供各项原始数据，并保存中间结果。

（2）应用软件系统的设计与开发。该部分是在数据库系统建设的基础上，以变电造价业务逻辑和知识为依据而建设的软件分析与模拟系统。软件内嵌相关的规则库和数据库，包括组件库、定额库、清单库、人材机库、主材库、设备库和价格库等，并有相关维护程序，可以由造价人员自由修改添加。在传统造价方法中，数字化与信息化水平应用已初步显露出其内涵的优势。

第三章

输电线路智能设计与造价体系

实现输电线路智能设计与造价功能，需要建立严密完整的体系。本章从智能设计与造价体系构建、智能设计关键技术、智能造价关键技术三方面详细论述。

第一节　智能设计与造价体系构建

输电线路智能设计在传统输电线路设计技术的基础上，以全息数据平台提供的地理信息数据为支撑，结合三维技术、人工智能技术、大数据技术，从路径规划、电气设计、结构设计、造价分析等各个环节开展研究，实现输电设计流程的全面智能化、设计与技术技经一体化，并形成相应的系统成果。输电线路智能设计总体技术方案流程图如图 3-1 所示。

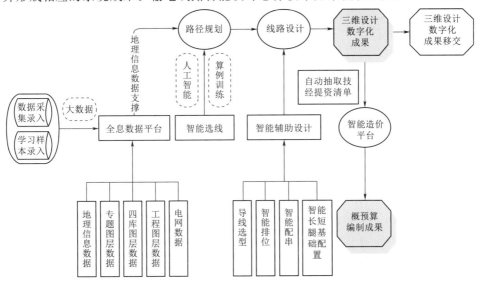

图 3-1　输电线路智能设计总体技术方案流程图

　　输电线路智能设计的数据支撑来自全息数据平台积累的地理信息数据、专题图层数据、四库图层数据、工程图层数据、电网数据等，根据全息数据平台采集和录入的数据及学习样本，明确需避让、跨越地物，在路径规划中使用人工智能和算例训练的方式开展智能选线，为设计人员推荐技术可行、经济较优的路径方案；选线完成后，利用导线选型、智能排位、智能配串、智能长短腿基础配置模块，结合设计中的边界条件，推荐具体的电气、结构专业设计方案，并形成三维设计数字化成果；数字化成果一方面可直接满足三维移交的需求，另一方面能够从成果中自动抽取技经提资清单，传输至智能造价平台中，根据该平台中的造价编制算法，并经技经人员补充加工后，形成概预算编制成果，实现技术技经一体化。

　　具体的系统实现可分为技术部分及技经部分两部分进行，主要涉及线路设计以及技经两个专业。

　　1. 技术部分

　　技术部分系统实现流程如图 3-2 所示。

　　技术部分主要包括以下内容：

　　（1）智能选线。分为粗选、细选、精选三种策略，采用地块价值分割算法，在确立必须避让区、有条件避让区、可通行区的前提下，利用人工智能技术进行算例训练，通过地块价值寻优及造价预测，推荐可行的路径方案。

　　（2）智能电气设计。主要包括导地线选型及绝缘配合方案的智能推荐，通过输入系统电压等级、污区、海拔等边界条件，推荐技术可行、经济较优的设计方案。

　　（3）智能结构设计。主要包括杆塔规划和基础规划，通过输入气象条件、电压等级、地形情况、导地线、路径、地质等边界条件，规划满足每一塔位工程应用需求的杆塔和基础类型，并实现相似基础的归并，减少设计人员工作量。

　　（4）技经自动统计。通过抽取三维模型中的设备材料信息，形成技经提资单，推送至造价软件端，实现技术技经一体化的上游接口。

　　2. 技经部分

　　技经部分系统实现流程如图 3-3 所示。

　　技经部分主要是把工程中的分部、分项工程做成三维标准化设计，建立标准化设计模型库，这样的标准化设计不仅包括完成三维模型的标准化，还包括标准部件、单元的技术规范书以及造价信息的标准化。例如输电线路中的杆塔设计，设计人员经过计算对基础、杆塔、导线、附件等进行选型，选型完成后，通过造价软件平台中的工程量计算软件自动在后台标准库中缩存、加和相应造价数据，完成工程量的计算。如果设计阶段修改了某一处信息，由于数据共享的优势，造价方面也会进行自主修改，省去技经人员一一核对的困难。

　　在完成工程量的计算之后，通过模型中包含的材料、造价等信息，通过施工环境调节系数数据库、建安费取费系数数据库、设备材料数据库、清单数据库中相关数据的调取，即可得到输电线路工程的概预算造价。并且可以对此过程得出的造价结果进行造价分析，使设计及招投标阶段的造价管理更加数字化、智能化。

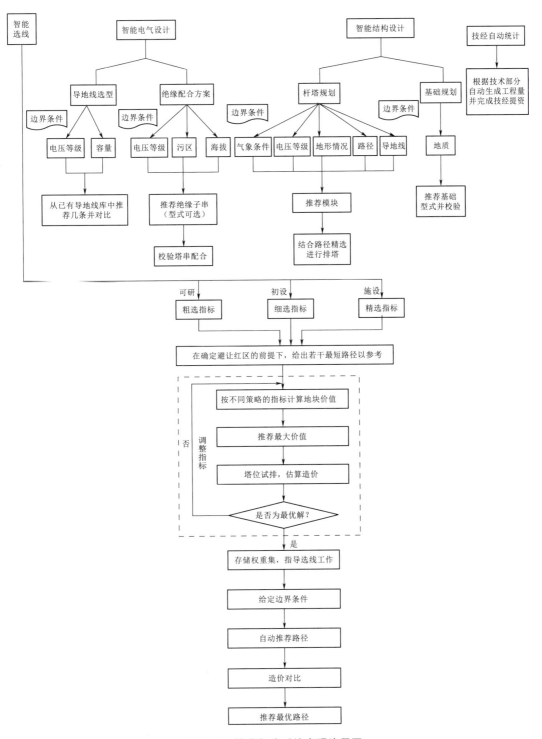

图 3-2 技术部分系统实现流程图

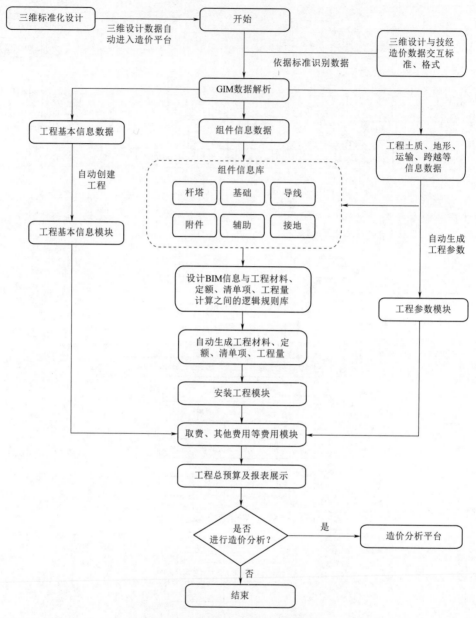

图 3-3 技经部分系统实现流程图

第二节 智能设计关键技术

随着电网多维度智能设计技术、人工智能技术不断发展，输变电工程设计未来将更加广泛的采用人工智能、专家系统、智慧路径选择、动态规划、GIS、GIM、BIM、大数据、虚拟合成成像、图像识别处理等新技术。构建实用化电网设计平台，将电网智能设计理念落地化，能够推动电网设计理念的发展，全面提升工程项目设计质量和水平。

基于新技术融合的全息数字孪生电网智能设计平台，具有构建真实虚拟空间的功能，可以完成可研、初设、施设等各个阶段的智能设计任务，能够贯穿于整个电网设计过程。智能设计成果可以实现全电子化移交，使数据服务与数字化智慧电网建设和运行。

一、基础关键技术

（一）人工智能技术

人工智能的实现方法丰富，主要包括引领三次高潮的专家系统、人工神经网络、深度学习以及持续推动学科发展的模糊逻辑、遗传算法、机器学习、多智能体系、博弈论等。

人工智能被誉为第四次工业革命的核心驱动力，在推动数字经济发展、助力国家能源转型方面将发挥重要作用。随着大数据、云计算、神经网络等技术的融合发展，人工智能在计算机视觉、自然语言处理、语音处理等领域已获得巨大成功，为电力行业的数字化、智能化转型升级带来新的思路和方案，在电网设计运维、调度控制、安全管理、客户服务等领域具有广阔的应用前景。

（二）大数据技术

大数据技术是指大数据的应用技术，涵盖各类大数据平台、大数据指数体系等大数据应用技术。大数据是需要新处理模式才能具有更强的决策力、洞察发现力和流程优化能力的海量、高增长率和多样化的信息资产。大数据技术的战略意义不在于掌握庞大的数据信息，而在于对这些含有意义的数据进行专业化处理。换言之，如果把大数据比作一种产业，那么这种产业实现盈利的关键，在于提高对数据的加工能力，通过加工实现数据的增值。

大数据分析相比于传统的数据仓库应用，具有数据量大、查询分析复杂等特点。业界将其归纳为 4 个"V"——Volume（大量）、Variety（多样）、Veracity（真实性）、Velocity（高速）。其中：①Volume 指数据体量巨大，从 TB 级别跃升到 PB 级别；②Variety 指数据类型繁多。包括网络日志、视频、图片、地理位置信息等；③Veracity 指数据来源的真实性，直接导致分析结果的准确性和真实性，若数据来源是完整的并且真实，最终的分析结果以及决定将更加准确；④Velocity 指处理速度快。

1. 技术研究背景

我们正处在历史的转折点上，数据量的飞速积累，计算能力的今非昔比正在改变着人们探索未知的能力。Garter 公司的最新数据显示，2019 年全球包括个人电脑（PC）、平板、ultra mobile 与手机在内的设备出货量达到 22 亿台，每一台设备都贡献着一份计算资源，人类拥有的计算能力将是前人无法企及的。大数据技术随之应运而生，并且正以前所未有的速度从互联网行业蔓延开来，影响着越来越多的领域。

近年来，电力行业信息化得到长足发展。我国电力企业信息化起源于 20 世纪 60 年代，从开始的电力生产自动化到 20 世纪 80 年代以财务电算化为代表的管理信息化建设，再到如今大规模企业信息化建设，特别是伴随着下一代智能化电网的全面建设，以物联网和云计算为代表的新一代 IT 技术在使电力行业中的广泛应用，使电力数据资源开始急剧增长并初具规模。

2. 国内外现状

在大数据技术的发展历程中，国外数据厂商是最先嗅到其中价值的领跑者。从 2005 年雅虎公司开发 Hadoop 项目解决网页搜索问题开始，大数据概念在短短几年间获得了从政府、科学研究机构到商业公司的追捧。随后，结合大数据日渐完备的概念，国外厂商也从数据存储、数据计算、数据挖掘到数据应用开发出了一系列技术和产品，继而形成了典型的大数据技术开发架构，取得了较大的进展。

我国目前数据规模增长非常快，蕴含着巨大的数据价值。随着信息化建设在各行各业的持续深入，越来越多的国内数据厂商加入到了大数据的研发中来。目前国内进行大数据研发的厂商依旧分为两类，其中：

第一类是现在已经有获取大数据能力的公司，其可利用自身优势地位冲击大数据领域，将现有安装基础及产品线口碑推广到新一轮技术浪潮当中。如百度、阿里巴巴等互联网巨头，主要是以大数据应用技术、相关软件研究为主要切入点。

第二类则是以华为、浪潮、中兴等以硬件突破为主的企业，涵盖了数据采集、数据存储、数据分析、数据可视化以及数据安全等领域。

3. 关键技术

大数据所涉及的关键技术主要包括数据集成管理技术、数据存储管理技术、高性能计算技术和分析挖掘技术。

（1）数据集成管理技术。数据集成管理是把不同数据源的大数据（包括结构化、半结构化和非结构化的数据）收集、整理、清洗、转换后，加载到一个新的数据源，并对这些数据源实行集中管理，对外统一提供服务的数据集成方式。数据集成管理技术包括大数据连接器技术和 SQL - MapReduce 技术。

（2）数据存储管理技术。数据存储管理是指将大量各种不同类型的存储设备通过应用软件集合起来协同工作，共同对外提供数据存储和业务访问的过程。数据存储管理技术包括分布式存储技术、NoSQL 技术和内存存储技术。

（3）高性能计算技术。高性能计算是指通常使用很多处理器（作为单个机器的一部分）或者某一集群组织中的几台计算机（作为单个计算资源操作）的计算系统和环境。高性能计算技术主要包括实时计算、批量计算和流式计算三个方面。

（4）分析挖掘技术。分析挖掘是指从大量的数据中自动搜索隐藏于其中的有着特殊关系信息的过程。分析挖掘技术主要包括三个方面，即模式识别、图像处理和机器学习。

4. 大数据技术与输电线路三维设计应用的结合点

目前大数据技术与输电线路三维设计应用的结合点可涉及电网运行和设备检测或监测数据、电力企业营销数据、电力企业管理数据等方向。

我国电力行业正处于信息时代的关键转折点，随着智能变电站系统、现场移动检修系统、测控一体化系统、GIS、智能表计等项目与 IT 行业嫁接，电力行业积累了大量的数据资源，其业务数据从总量和种类上都已颇具规模，具备了良好的数据基础，并初步实现了企业级数据资源整合及共享利用。未来运用大数据等手段对电网进行实时监控和调节，已经成为时下发展的趋势。

（三）输电 GIS 技术

目前，输电线路设计的选线过程主要是利用海拉瓦全数字化摄影技术，借助卫星、飞机、GPS 等高科技手段，通过高精度的扫描仪和计算机信息处理系统，将各种影像资料生成正射影像图、数字地面模型和具有立体图效果的三维景观图，一目了然地掌握工程实地的情况，并以标准格式输出影像和数字信息。但设计人员必须要在专业的图形工作站前佩戴立体眼镜才能查看线路走廊的三维立体环境，并进行线路路径的选择。

在国内外三维空间技术的产品中，美国 Skyline 公司的 Skyline 产品具有与主流 GIS 平台的整合、快速矢量支持、三维浏览和分析功能等多方面的优势，能够允许用户快速地融合数据、更新数据库，并且有效支持大型数据库和实时信息流通信技术，能够实时展现给用户 3D 地理空间影像，为网络和非网络环境提供一个三维交互世界的环境。

GIS 技术近几年进入了高速发展期，已被广泛应用于各个领域。由于 GIS 系统需要满足各类应用的要求，导致了 GIS 系统的功能都非常庞大且繁多，但是针对于电网尤其是输电线路设计的功能相对较少。

（四）建筑领域三维设计技术

目前，二维设计技术在国内外电力设计行业中的应用相对滞后。对相关技术的研究分析主要参考建筑行业。建筑行业是较早引入三维设计技术的行业，在三维设计的基础上结合全生命周期理念产生了新的概念——建筑信息模型。

建筑信息模型涵盖了几何学、空间关系、地理信息系统、各种建筑组件的性质及数量。模型附件属性的扩展可以用来展示整个建筑的全生命周期，包括建设过程中的设计、施工、运营工程。通过建筑信息模型的建筑组件表示真实世界中用来建造建筑物的构建。对于传统电脑辅助设计用矢量图形构图来表示物体的设计方法来说有了巨大的进步。

三维设计技术的主要技术特性包括可视化、协调性、模拟性、优化性、可出图形。因为这些技术特性使得三维设计技术在建筑领域得到广泛的应用和推广，所产生的经济和社会价值非常巨大。将相关技术特点引入到输电线路设计领域势必会对相关设计工作带来革新。

（五）云雾边（端）算法算力技术

1. 技术研究背景

随着人工智能和数字化浪潮席卷全球，2020 年，已有约 500 亿个设备连接到网络。云计算、雾计算、边缘计算等将引领人们进入真正的万物互联时代。物联网（Internet of Things，IoT）应用可分为两种，一种是事后分析型，另一种是实时反馈型。目前的 IoT 架构仍然是以云为中心，即以事后分析型应用为主。随着 IoT 的发展，实时反馈型应用需求会更多，以云为中心的架构显然不能满足此类应用的需求。雾计算和边缘计算应运而生，通过雾计算、边缘计算将数据采集、数据处理和应用分析程序集中在网络边缘设备中，使云端计算、网络、存储能力得以向边缘扩展。实现雾计算、边缘计算与云计算的协作，提高 IoT 处理效率。

2. 国内外现状

2006 年 Google 的首席执行官 Eric Schmidt 首次提出了云计算的概念，以及后来业界衍生出来雾计算、霾计算、边缘计算等一系列的计算方式。

有关边缘计算的标准化工作也逐渐受到各大标准化组织的关注，主要国际标准化组织纷纷成立相关工作组，开展边缘计算标准化工作。2014年，欧洲电信标准化协会（ETSI）成立移动边缘计算标准化工作组；2015年，思科、安谋、戴尔、英特尔、微软、普林斯顿大学等机构共同宣布成立开放雾计算联盟；2017年ISO/IEC JTC1S SC41成立了边缘计算研究小组，以推动边缘计算标准化工作，同年IEC发布了VEI（Vertical Edge Intelligence）白皮书，介绍了边缘计算对于制造业等垂直行业的重要价值；2018年初，ITU－TSG20（国际电信联盟物联网和智慧城市研究组）成功立项首个物联网领域边缘计算项目"用于边缘计算的IoT需求"。

2016年，边缘计算产业联盟在北京成立。2016年和2017年分别出版了国内版本《边缘计算参考架构》1.0和2.0，梳理了边缘计算的测试床，提出了边缘计算在工业制造、电力能源、智慧城市及交通运输等行业应用的解决方案。边缘计算是5G的核心能力之一，是实现5G性能提升的关键，目前，三大运营商的边缘计算主要处于技术研究、实验室测试，以及相对简单场景的预商用阶段。总体来说，我国的边缘计算研究还处于起步阶段。

3. 关键技术

云雾边（端）所涉及的关键技术主要包括：云计算、雾计算、边缘计算和认知计算。

云计算是一种利用互联网实现随时随地、按需、便捷地使用共享计算设施、存储设备、应用程序等资源的计算模式。

雾计算有几个明显特征，包括低延时、位置感知、广泛的地理分布、适应移动性的应用、支持更多的边缘节点。与云计算相比，雾计算所采用的架构更呈分布式，更接近网络边缘。雾计算将数据、数据处理和应用程序集中在网络边缘的设备中，而不像云计算那样将它们几乎全部保存在云中。所以，云计算是新一代的集中式计算，而雾计算是新一代的分布式计算，符合互联网的去中心化特征。

边缘计算的"边缘"指的是在数据源与云端数据中心之间的任何计算及网络资源。边缘计算的基本原理是在靠近物或数据源头的网络边缘侧，融合网络、计算、存储、应用核心能力的开放平台，就近提供边缘智能服务，满足行业数字化在敏捷连接、实时业务、数据优化、应用智能、安全与隐私保护等方面的关键需求。

认知计算包含了信息分析、自然语言处理和机器学习领域的大量技术创新，能够助力决策者从大量非结构化数据中揭示非凡的洞察。认知系统能够以对人类而言更加自然的方式与人类交互，专门获取海量的不同类型的数据，根据信息进行推论。

4. 与输电线路三维设计应用的结合点

目前云雾边（端）技术与输电线路三维设计应用的结合点可涉及智能化精准运检、综合能源管理、输电线路无人机巡检、输电线路监控等方向。

边缘计算具有显著的三大特点：靠近数据源，实时性好；低时延，响应快；数据安全性高。以智能化精准运检和综合能源管理的实际应用为例，边缘计算技术近乎是为泛在电力物联网的特定需求而量身打造的，因此被国家电网有限公司选中成为泛在电力物联网感知层的核心技术。泛在电力物联网作为未来可能接入设备最多的物联网生态圈，是一个被严重低估的边缘计算应用场景。

（六）数字孪生技术

1. 技术研究背景

随着新一代信息技术（如云计算、物联网、大数据等）与制造业的融合与落地应用，各制造强国纷纷出台了各自的先进制造发展战略，如美国"工业互联网"和德国"工业4.0"，其目的之一是借力新一代信息技术，实现制造的物理世界和信息世界的互联互通与智能化操作，进而实现智能制造。与此同时，在"制造强国"和"网络强国"大战略背景下，我国也先后出台了"中国制造2025"和"互联网＋"等制造业国家发展实施战略。此外，党的十九大报告也明确提出"加快建设制造强国，加快发展先进制造业，推动互联网、大数据、人工智能和实体经济深度融合"，其核心是促进新一代信息技术和人工智能技术与制造业深度融合，推动实体经济转型升级，大力发展智能制造。因此，如何实现制造物理世界与信息世界的交互与共融，是当前国内外实践智能制造理念和目标所共同面临的核心瓶颈之一。

数字孪生是以数字化方式创建物理实体的虚拟模型，借助数据模拟物理实体在现实环境中的行为，通过虚实交互反馈、数据融合分析、决策迭代优化等手段，为物理实体增加或扩展新的能力。作为一种充分利用模型、数据、智能并集成多学科的技术，数字孪生面向产品全生命周期过程，发挥连接物理世界和信息世界的桥梁和纽带作用，提供更加实时、高效、智能的服务。

2. 国内外现状

数字孪生近期得到了广泛和高度关注。全球最具权威的IT研究与顾问咨询公司Gartner连续两年（2016年和2017年）将数字孪生列为当年十大战略科技发展趋势之一；世界最大的武器生产商洛克希德·马丁公司于2017年11月将数字孪生列为未来国防和航天工业六大顶尖技术之首；2017年12月8日中国科协智能制造学会联合体在世界智能制造大会上将数字孪生列为世界智能制造十大科技进展之一。

此外，许多国际著名企业已开始探索数字孪生技术在产品设计、制造和服务等方面的应用。虽然已有企业初步探索了数字孪生的相关应用，但数字孪生在实际应用过程中仍然存在很多问题和不足。

3. 关键技术

数字孪生是充分利用物理模型、传感器更新、运行历史等数据，集成多学科、多物理量、多尺度、多概率的仿真过程，在虚拟空间中完成映射，从而反映相对应的实体装备的全生命周期过程。数字孪生技术体系涵盖感知控制、数据集成、模型构建、模型互操作、业务集成、人机交互六大核心技术。

4. 与输电线路三维设计应用的结合点

目前数字孪生技术与输电线路三维设计应用的结合点可涉及电网状态环境可视化监控、电网设备远程智能巡视、远程故障诊断及辅助决策、电网智能预警及状态检修、电网设备仿真培训、安全作业管控、电网生产业务管控应用等方向。

数字孪生技术难点短时间内无法得到突破，但随着电力物联网的建设，传感数据的不断补充完善，状态分析评估预测和故障分析诊断预测在短时间内仍然可以实现巨大价值。

状态分析评估预测方面，可以通过声音、振动、运行温度以及其他参数，对设备进行专项评估，帮助运检人员深度掌控其内部运行状态。故障分析诊断预测方面，可以通过实时分析电压电流、温度、声响等特征量，对设备的电气故障、机械故障进行预测性诊断。

（七）AR 及 VR 技术

1. 技术研究背景

近年来，随着计算机软硬件技术的不断发展，增强现实技术、虚拟现实（Virtual Reality，VR）技术正受到人们的广泛关注。此类技术凭借身临其境的真实感和更自然逼真的人机交互方式为用户带来了全新的体验经历，并通过"解放双手、高效交互、辅助决策"的生产理念逐渐成为比较热门的研究方向。

在数字经济、智慧城市发展的背景下，新兴技术的普及与应用不仅可以满足人们对城市生活的多样化需求，更重要的是可以满足智慧城市的管理水平和运行效率提升的需求。2017 年，中共中央办公厅、国务院办公厅印发了《关于促进移动互联网健康有序发展的意见》，明确提出为进一步加快我国前沿性技术的发展步伐，相关部门应当加快对虚拟现实、增强现实等技术的布局。2019 年 4 月 8 日，国家发展改革委就《产业结构调整指导目录（2019 年本，征求意见稿）》公开对外征求意见，该指导目录提出顺应新一轮世界科技革命和产业变革，将 AR、VR 等技术的研发与应用纳入 2019 年"鼓励类"产业。同时，随着新一代电力系统的不断发展，也需要借助 AR、VR 技术改变传统电网及地理空间的信息表达、数据处理等问题，以便更好地推动智慧电网的稳步、持续化发展。

2016 年，国务院正式发布"十三五"国家战略性新兴产业发展规划，其中裸眼 3D 被列入规划的第六章节"促进数字创意产业蓬勃发展，创造引领新消费"。文中提出，要加强内容和技术装备协同创新，在内容生产技术领域紧跟世界潮流，在服务装备领域建立国际领先优势，提升创作生产技术装备水平，加快裸眼 3D 等核心技术创新发展。国家对这一领域的研究极为重视，市场潜力巨大。

2. 国内外现状

AR、VR 技术是一种综合计算机图形学、传感器、人机交互、计算机网络、信息处理、语音处理等技术融合发展的产物，可以将其理解为一种先进的计算机用户接口，它能够从视觉、听觉、触觉等感知方面给用户提供各种直观、自然的实时交互手段，最大限度提高用户操作的方便性，进而达到减轻用户负担、提高整个系统工作效率的目的。基于以上优点，目前此类技术已成为计算机图形和图像领域的研究热点之一，具有非常广阔的发展和应用前景。

目前关于 AR、VR 技术的研究主要围绕该项技术的典型特征进行，即沉浸感、交互性和想象力。相关研究领域涉及三个方面：①通过计算图形的方法形成实时的三维视觉效果；②建立能够观察虚拟世界的展示界面；③VR 技术与科学计算等技术的结合应用。在国外，很多机构和组织早已开展对 AR、VR 技术的研究和试验。例如：在军事领域，美国国家航空航天局已经将虚拟现实技术用于航空、卫星、维护空间站的训练系统中；在工业设计领域，特别是航天制造和汽车制造领域，应用 VR 技术进行产品设计，可以降低成本、规避新产品开发风险，波音 777 运输机就是应用 VR 技术进行工业设计的成功案例；在医学研究领域，主要应用 AR、VR 技术于人体结构仿真和虚拟远程治疗系统；在教学科研领域，AR、VR 技术更是取得了突破性进展。

由于 AR、VR 技术相关系统的研究开发工作成本高昂，因此我国该项研究起步较晚，目前已初步取得了一些成果。在电力行业中，AR、VR 技术在电力系统仿真培训、电网状态监测与故障检测中的应用研究是当前最深入的研究方向。

裸眼 3D 技术适用于各种显示设备的三维成像，现有的裸眼 3D 技术还处于研发的初级阶段，主要的技术研究方向覆盖显示设备的组成结构、显示效果等角度。由于产品不够成熟，未形成大规模产业化发展，目前主要用于家电、游戏设备、移动设备、广告屏幕等领域。

3. 关键技术

AR 技术是一种独立的设备，具备实时计算能力，可以将现实世界与模拟影像加以合成，并将其展示到观众的眼前。VR 技术是一种利用计算机仿真系统对三维动态视景与实体行为进行系统仿真创建，并令用户对虚拟世界加以体验的技术。基于以上两种技术，有研究者提出混合现实（Mix Reality，MR）技术，这是一种将 AR、AR 技术加以融合产生的技术，可以将现实世界与虚拟世界加以合并，并产生新的可视化环境。

AR、VR、MR 技术可以理解为一种综合计算机图形学、传感器、人机交互、计算机网络、信息处理、语音处理等技术融合发展的产物，此类技术具有三个基本特征，即沉浸感（Immersion）、交互性（Interaction）、想象力（Imagination）。

沉浸感。虚拟现实技术作为一种先进的计算机接口，强调交互的自然性，从听觉、触觉、视觉等方面为用户提供一种与真实环境相同的感受，仿佛身临其境，沉浸感是虚拟现实系统的核心。

交互性。虚拟现实场景区别于传统三维动画，用户不再作为旁观者被动地接受计算机所传达的信息。用户进入到虚拟场景后，可通过多种基于传感器的交互输入设备作用于场景中的实体，虚拟场景中的实体做出与真实情景类似的反应。交互性是虚拟现实系统人机和谐的关键因素。

想象力。当用户沉浸在虚拟现实世界里，通过与虚拟环境的交互，可从定性和定量的综合集成环境中获得感性和理性的认识，发挥想象力，从而深化概念的理解并能产生新的构想。反过来，将这种新构想应用到虚拟现实系统中，系统将处理后的状态实时的显示或者通过交互设备反馈给用户，如此反复。因此，想象力可以启发人的创造性思维活动。

目前虚拟现实系统的实现方法主要通过虚拟现实建模语言（Virtual Reality Modeling Language，VRML）实现，这是一门功能非常强大的、基于 Web 的、用于三维造型和渲染的图形描述语言，可以用来描述 3D 环境是如何呈现在页面上。

VRML 是一种用来创建虚拟现实场景的建模语言，它把整个虚拟世界看作一个"场景"，把场景中的一切实体看作是"对象"，对每个对象进行描述形成后缀为".wrl"的文件（即".wrl"是 VRML 文件的扩展名）。VRML 的目的主要是为了在网页中渲染出三维动画效果以及实现虚拟场景中三维对象与用户之间的交互。

VRML2.0 自 1997 年 12 月正式成为国际标准，其脚本化的语句可以编写三维动画、三维游戏及完成计算机三维辅助教学，并能将所建立的模型嵌入在网页显示，因此在网络上得到了广泛的应用。VRML2.0 中还增加了行为功能，并支持多重用户使用，使得整个虚拟现实系统更真实实用、更具交互性。

裸眼 3D 显示是人类为了摆脱立体眼镜的束缚而发展出的技术。它是利用人眼视差特性，使左右眼看到不同的图像，形成 3D 纵深效果。传统的裸眼 3D 技术分为光屏障式（Barrier）技术、柱状透镜（Lenticular Lens）技术和指向光源（Directional Backlight）技术。

（1）光屏障式技术。该技术利用一个偏振膜、一个开关液晶屏和一个高分子液晶层，通过液晶层和偏振膜制造"视差障栅"，安置在 LCD 液晶面板跟背光模块之间。通过立体显示模式，当左眼观看液晶屏上的图像时，右眼被障栅遮挡；同理，当右眼观看液晶屏上的图像时，左眼被障栅遮挡。因此观看者通过左右眼分别观看可视画面，就能看到 3D 立体画面。

（2）柱状透镜技术。柱状透镜技术在液晶显示屏前放一层柱状透镜，液晶屏的像平面恰好位于透镜的焦平面上，这样每个柱透镜将图像像素分成不同的子像素，之后透镜从不同方向投影每个子像素。因为人的左右眼观看角度的不同，投射到左右眼的子像素会不相同。左右眼画面叠加后即可在观看者的大脑中形成 3D 图像。

（3）指向光源技术。指向光源技术需要搭配两组 LED，并配合迅速反应的 LCD 面板和驱动电路。3D 画面按照排序方式投射入观看者的双眼，画面不断互换而使双眼产生视差，即可产生 3D 效果。

4. 与输电线路三维设计应用的结合点

鉴于强大的跨学科领域的优势，AR、VR 技术在输电线路三维设计中的应用将迎来很好的发展机遇。目前此类技术与输电线路三维设计应用的结合点包括：

（1）基于 AR、VR、BIM、GIS 技术融合的输电线路全息系统展示，该系统应用混合编程技术可实现输电线路和设备的信息化管理、系统运行参数配置、系统状态参数查询，并通过数字化移交至运行阶段。

（2）基于 AR、VR 技术的输电线路设计优化，基于虚拟现实环境对设计的合理性、正确性进行直观检查，实现更精准的空间校验。

（3）基于 AR、VR 技术实现更真实的实景漫游技术，可以进行更直观立体的三维设计施工交底、施工进度模拟。

（4）输电线路灾害仿真预警系统，可采用虚拟现实以及多种三维场景建模技术，对输电线路、输电杆塔、不同类型的输电线路灾害进行仿真模拟，视觉效果较为逼真，能够促进输电线路灾害的模拟展示、损失评估等研究。

目前裸眼 3D 技术与输电线路三维设计应用的结合点可涉及输电线路全息系统展示与实景漫游、基于裸眼 3D 显示设备的外业踏勘和电网三维仿真培训等领域。

在电力系统中，AR、VR 技术凭借其沉浸感、交互性、想象力等典型特征，将"解放双手、高效交互、辅助决策"的生产理念应用于输电线路设计工作。此类技术通过优化输电网信息的可视化表达，可实现更直观的三维空间校验优化，还可将设计成果真实立体地传递至施工、运行阶段，通过操作性强的人机交互实现更加高效的电网设计，具有较高的实用性。

与传统的 3D 显示不同，裸眼 3D 显示不需要观众佩戴任何辅助设备即可观赏 3D 效果，极大地提升了用户体验，提高了观看时的沉浸感。而目前裸眼 3D 显示主要应用在工业商用方面，且大多还处在研发阶段，在分辨率、可视角度以及可视距离等方面还需要再度提升。未来，裸眼 3D 显示技术与 BIM、GIS、AR、VR 等技术的融合将有望在更多应用场景中得到创新利用。

（八）3DS 多维信息模型技术

1. 技术研究背景

2017 年 2 月 21 日，国务院办公厅印发《关于促进建筑业持续健康发展的意见》，从国家层面提出培育全过程工程咨询，政府投资工程应带头推行全过程工程咨询的指示。工程全过程咨询是指工程咨询方采用多种服务方式组合，为项目决策、实施和运营持续提供局部或整体解决方案以及管理服务，可分为投资决策综合性咨询和工程建设全过程咨询。除了工程全过程咨询理念，精益建造理念也逐步得到深入应用，这是一种以减少材料浪费与提高生产效率为手段，追求最大化收益的建造管理模式。

基于以上研究背景，输变电工程设计领域依托数字化设计造价进度一体化的理念提出 3DS 多维信息模型的建设，并将其进一步应用于输变电项目的全生命周期管理和项目精益建造领域。

2. 国内外现状

3DS 多维信息模型不仅是集成建设设计项目物理特性和功能特性的数字化模型，还是基于公共标准化的可供建设项目全生命周期各参与方协同作业的共享数字化模型。目前基于 BIM 技术的 3DS 多维信息模型的应用研究主要集中在建筑工程项目施工模拟及现场管理、进度管理、造价管理及成本控制等方面，在输变电工程中主要以科技项目前沿研究为主，大范围的应用较少。

国网上海电力设计有限公司、上海电力设计院有限公司等多家单位联合攻关"电网工程多维信息模型构建关键技术及应用"项目并取得了如下创新成果：

（1）拓展了国际建筑信息模型技术中 IFC 标准中涉及电力工程领域的标准。编制完成国内首部基于国际 IFC 标准的输变电设施数字化移交标准，填补电网工程领域信息模型标准的空白，为规范推广数字化在电力工程应用奠定基础。

（2）通过规范条文的机器学习，建立规范条文的审查规则库，开发国内首个电网工程数字化设计自动评审系统，实现了对数字化设计成品进行高效、准确的审查和评价，提升数字化设计评审的效率和准确率。

（3）研发多维信息模型轻量化技术和多类型复杂数据融合技术，构建数字化电网管理平台，实现特大型城市电网工程信息和状态全面实时掌握。

（4）建立数字化现场管控系统，使建设项目参建各方在系统上完成建设过程信息共建和共享，全面提升对工程项目质量、安全、进度、造价综合把控，从而全面提升电网工程建设水平。

3. 关键技术

3DS 多维信息模型是指在三维模型的基础上累加多维度信息形成的具备项目全生命周期应用价值的多维信息模型，该模型建设借鉴了建筑领域的 5D BIM 理念，即 3D 实体＋1D 进度＋1D 造价的多维建筑信息模型理念，在输变电数字化设计工作的基础上融入施工过程管理和成本造价，最终构建面向工程全生命全要素管理的 3DS 多维电网信息模型。

3DS 多维信息模型相关技术属于多学科综合技术，涉及电网工程建设、信息模型、施工管控、大数据管理技术等多领域，主要覆盖以下内容：

（1）3DS 多维信息模型标准化体系建设。涉及建模标准、数据转换标准、数据移交标准等。

（2）基于多源异构的数据融合及数据库建设技术。数据融合包括数据获取、数据处理、数据融合等三方面，数据库建设包括数据库的选择类型、空间数据如何建库、空间数据库系统测试等三方面。

（3）3DS 多维信息模型轻量化、可视化技术研发。

（4）基于 3DS 多维信息模型的数字化工程全生命周期管理平台建设。

4. 与输电线路三维设计应用的结合点

目前 3DS 多维信息模型相关技术与输电线路三维设计应用的结合点包括基于多维数据模型的电网全息数据库建设、基于多维数据模型的输电线路项目设计造价一体化平台研发、输电线路施工进度模拟、工程动态成本控制、输电线路数字化移交、输电线路工程全过程咨询等场景。

以 3DS 多维信息模型为核心的工程项目管理，体现了设计为龙头的工程"智慧建设、精益管理"的理念，通过在三维模型的基础上添加进度和造价等变量的方法，建设 3DS 多维信息模型。该模型可以直观地展示输电线路工程的进度造价管理过程，极大地减小了施工过程中的信息传递误差，提高了项目管理水平，保障输电线路工程"成本、质量、进度"的综合管控目标实现，并为运行期间积累了大量的有价值的数据成果，在全面提升项目全生命周期数字化管理水平的同时也为设计企业开拓了业务范围，实现了服务创新。

（九）区块链技术

1. 技术研究背景

随着比特币近年来的快速发展与普及，区块链技术的研究与应用也呈现出爆发式增长态势，被认为是继大型机、个人电脑、互联网、移动网络之后计算范式的第五次颠覆式创新，是人类信用进化史上继血亲信用、贵金属信用、央行纸币信用之后的第四个里程碑。

区块链是以比特币为代表的数字加密货币体系的核心支撑技术，能够通过运用数据加密、时间戳、分布式共识和经济激励等手段，在节点无需互相信任的分布式系统中实现基于去中心化信用的点对点交易、协调与协作，从而为解决中心化机构普遍存在的高成本、低效率和数据存储不安全等问题提供了解决方案。区块链技术是下一代云计算的雏形，有望像互联网一样彻底重塑人类社会活动形态，并实现从目前的信息互联网向价值互联网的转变。

区块链技术的快速发展已引起世界各国政府部门、金融机构、科技企业和资本市场的广泛关注。在我国 2016 年，国家"十三五"信息规划首次提到区块链；2018 年，院士大会提到了人工智能、量子信息、移动通信、物联网、区块链为代表的新一代信息技术加速突破应用；2019 年 10 月，中共中央政治局就区块链技术发展现状和趋势进行第十八次集体学习。

国家电网有限公司认真贯彻落实总书记的要求，把"基于区块链的新型能源业务模式研究"列为《国家电网有限公司泛在电力物联网 2019 年建设方案》57 项重点任务之一，编制了《区块链技术研究与应用试点工作方案》，围绕平台、服务、硬件、政策、科研、人才、合作伙伴与生态应用等方面，深入研究区块链技术与应用，探索区块链技术应用发展新生态，旨在打造基于区块链的电子合同、电力结算、供应链金融、电费金融、大数据征信等金融科技，解决面向电网、火电、水电、太阳能发电、风力发电、核电等行业提供的电力大数据、电力人工智能问题，全面推广区块链技术在电力行业中的深入应用。中国南方电网有限责任公司在可再生能源领域积极布局区块链，利用区块链技术开展可再生能源绿色证书交易平台建设，创新绿证的分布式交易模式，并在珠海进行了示范应用。

2. 国内外现状

由区块链独特的技术设计可见，区块链系统具有分布式高冗余存储、时序数据且不可篡改和伪造、去中心化信用、自动执行的智能合约、安全和隐私保护等显著的特点，这使得区块链技术不仅可以成功应用于数字加密货币领域，同时在经济、金融和社会系统中也存在广泛的应用场景。目前区块链技术的研究主要集中在数字货币、数据存储、数据鉴证、金融交易、资产管理和选举投票等场景中。

在电力行业的主要应用场景则主要集中在区块链结算、支付、微电网、能源交易等方面。在结算方面，美国企业 BlockCypher 与美国能源部国家可再生能源实验室（NREL）合作，在实验室 2 处能源设施中开展分布式能源的点对点交易，完成能源交易跨区块链结算的解决方案，实现电网终端的能源储备和生产的货币化，未来将通过供需平衡来简化能源消费，降低峰电时期带来的电力赤字。在支付领域，美国加利福尼亚公司 Oxygen Initiative 通过为司机引入电子钱包，为电动车辆的司机提供高速公路费、停车费、充电费等方面的支付服务。在微电网领域，日本能源公司 Eneres 测试基于区块链技术在构建智能微电网方面的应用，主要通过区块链技术，促进分布式光伏电源与其他可再生能源共同使用，并且为其带来电费收益。在能源交易领域，奥地利共用事业公司 Wien Energie 开展基于区块链的能源交易，探索能源资产追踪的新方式，实现能源交易成本降低。

在国内区块链技术研究方面，东南大学陈妍希等针对规模化电动汽车在充电交易时安全性低、自主性差的问题，提出了基于区块链技术的电动汽车充电交易模型。南京工程学院李大伟等分析了电力物联网终端跨域认证需求和面临的问题，介绍了区块链跨链技术中的侧链技术及实现机理，并将其引入到电力物联网跨域认证方案中，提出一种基于侧链技术的电力物联网跨域认证方案，在配电自动化应用场景中进行了仿真实验。在电力物联网技术方面，河海大学胡悦等针对 LoRa WAN 网络架构中终端节点移动造成信号错误传播以及高能耗问题，在混合译码放大转发（HDAF）方式下，提出了一种基于 LoRa 网关的无线中继优化算法方案。南京南瑞继保电气有限公司程立等针对电能质量终端的设计缺陷，提出基于信息安全的设计及实现方案，在访问授权、审计记录、数据完整及防篡改性、网络攻击、备份与恢复以及源码安全等方面给出了解决措施，提升了终端本体的信息安全强度。国网江苏电科院张潼等基于负荷工作时功率、电流等特征差异，建立负荷特征指纹库，提出非侵入式低压负荷构成辨识方法和由下至上的台区负荷需求响应能力在线聚合监测方法，实现台区负荷资源参与需求响应能力的评估。

目前电力行业的研究者及投资者对区块链技术的关注范围主要集中在金融领域外延的

能源市场、交易结算等方面，对如何利用区块链技术解决电力工程数据资产管理、电网数字化设计等领域研究较少。

3. 关键技术

区块链技术起源于 2008 年，由化名为"中本聪"（Satoshi Nakamoto）的学者在密码学邮件组发表的奠基性论文《比特币：一种点对点电子现金系统》。狭义来讲，区块链是一种按照时间顺序将数据区块以链条的方式组合成特定数据结构，并以密码学方式保证的不可篡改和不可伪造的去中心化共享总账（Decentralized Shared Ledger，DSL），能够安全存储简单的、有先后关系的、能在系统内验证的数据。广义来讲，区块链则是利用加密链式区块结构来验证与存储数据、利用分布式节点共识算法来生成和更新数据、利用自动化脚本代码（智能合约）来编程和操作数据的一种全新的去中心化基础架构与分布式计算范式。

区块链具有去中心化、时序数据、集体维护、可编程和安全可信等特点，具体包括以下内容：

（1）去中心化。区块链数据的验证、记账、存储、维护和传输等过程均是基于分布式系统结构，采用纯数学方法而不是中心机构来建立分布式节点间的信任关系，从而形成去中心化的可信任的分布式系统。

（2）时序数据。区块链采用带有时间戳的链式区块结构存储数据，从而为数据增加了时间维度，具有极强的可验证性和可追溯性。

（3）集体维护。区块链系统采用特定的经济激励机制来保证分布式系统中所有节点均可参与数据区块的验证过程（如比特币的"挖矿"过程），并通过共识算法来选择特定的节点将新区块添加到区块链。

（4）可编程。区块链技术可提供灵活的脚本代码系统，支持用户创建高级的智能合约、货币或其他去中心化应用，例如以太坊（Ethereum）即提供了图灵完备的脚本语言以供用户来构建任何可以精确定义的智能合约或交易类型。

（5）安全可信。区块链技术采用非对称密码学原理对数据进行加密，同时借助分布式系统各节点的工作量证明等共识算法形成的强大算力来抵御外部攻击、保证区块链数据不可篡改和不可伪造，因而具有较高的安全性。

区块链系统由数据层、网络层、共识层、激励层、合约层和应用层组成。其中：①数据层封装了底层数据区块，其过程涉及区块、链式结构、哈希算法、Merkle 树和时间戳等技术；②网络层则包括分布式组网机制、数据传播机制和数据验证机制等；③共识层主要封装网络节点的各类共识算法；④激励层将经济因素集成到区块链技术体系中来，主要包括经济激励的发行机制和分配机制等；⑤合约层主要封装各类脚本、算法和智能合约，是区块链可编程特性的基础；⑥应用层则封装了区块链的各种应用场景和案例。该模型中，基于时间戳的链式区块结构、分布式节点的共识机制、基于共识算力的经济激励和灵活可编程的智能合约是区块链技术最具代表性的创新点。

根据区块链的开放程度，一般将区块链划分为公有链、联盟链和私有链三种类型。其本质在于记账权所有者的不同。同时按照目前区块链技术的发展脉络，区块链技术将会经历以可编程数字加密货币体系为主要特征的区块链 1.0 模式、以可编程金融系统为主要特征的区块链 2.0 模式和以可编程社会为主要特征的区块链 3.0 模式。

4. 与输电线路三维设计应用的结合点

目前区块链技术与输电线路三维设计应用的结合点包括分布式输电线路数据资产管理（联盟链中的链式结构、哈希算法、Merkle 树、时间戳、分布式节点的股份授权证明 DPOS 共识机制、非对称加密算法、智能合约）、基于区块链技术的三维协同设计（共识机制、加密算法、数据湖、智能合约）等领域。

为了实现电网的全息感知和实时控制，可靠的信息交换对于识别每个设备的需求和状态至关重要。作为国家战略的前沿技术，区块链技术能够为电网的发展提供可信的网络环境，能够有效解决数字电网转型升级过程中网络安全、数据融通等问题，对于智能电网建设与管理具有重要意义。但也必须看到目前基于区块链的基础理论和技术研究仍处于起步阶段，区块链产业发展并不成熟，在广泛应用之前需要对区块链技术中更为本质性的、涉及安全、效率、资源、博弈等领域的科学难题继续研究跟进。

（十）5G 技术

1. 技术研究背景

第五代移动通信技术（5th Generation Mobile Networks、5th Generation Wireless Systems、5th－Generation，5G 或 5G 技术）是最新一代蜂窝移动通信技术，也是继 4G（LTE－A、WiMax）、3G（UMTS、LTE）和 2G（GSM）系统之后的延伸。5G 的性能目标是高数据速率、减少延迟、节省能源、降低成本、提高系统容量和大规模设备连接。我国部分 5G 核心技术已处于全球产业第一梯队，具有极强核心竞争力。2019 年 6 月 6 日，工信部向中国电信等四家企业颁发 5G 商用牌照，目前我国已建成开通 5G 基站超 70 万个，5G 终端连接数超过 1.8 亿。随着 5G 商用进程的深化，5G 将为交通、工业、教育、医疗、能源、视频娱乐等相关行业赋能，5G 更是新基建的数字底座，将驱动联接、人工智能、云、计算、行业应用五大产业升级，带动全社会广泛参与，为国家竞争力提升、社会转型和行业升级注入强劲动力。

在工信部和发改委政策的大力推动下，中国移动、中国电信、中国联通三大基础电信运营商今年均已在不同城市开展了 5G 规模试验网建设。2019 年 6 月 6 日，工信部正式向三大运营商及中国广播电视网络有限公司发放 5G 商用牌照，标志着我国 5G 时代正式开启。同时，工信部和国资委亦联合发布了《关于 2019 年推进电信基础设施共建共享的实施意见》（工信部联通信函〔2019〕123 号），鼓励基础电信企业加强与市政、电力、铁路、高速公路等相关企业的沟通合作，着力提升跨行业基础设施共建共享水平。截至 2020 年 7 月，全国已经有 31 个省（自治区、直辖市）、106 余个地市出台了支持 5G 发展的政策文件，为 5G 发展创造了良好的环境。

2. 国内外现状

全球积极开展 5G 融合应用探索，呈现出传统消费市场、垂直行业市场齐头并进的态势。但从整体来看，虽然 5G 技术应用实践的广度、深度和技术创新性均不断增加，但由于应用标准、商业模式和产业生态等方面不够成熟，现阶段仍尚未实现行业规模化应用。

在韩国以 5G＋文娱为突破口，推出基于体育和偶像资源的 5G 视频产品，受到市场广泛欢迎。美国推出固定无线宽带接入（FWA）服务，家庭宽带成为美国最受关注的首批 5G 应用。德国发挥工业制造优势，开展智慧物流、工业机器人等 5G 应用探索，充分挖掘 5G 在网络化改造和适应性生产等方面的潜力。

我国电力行业，根据数据典型应用场景将电力系统 5G 通信技术划分为控制和采集两大类。控制类业务主要包括电网保护与控制、配电自动化、精准负荷控制、分布式能源调控、智能巡检等。采集类业务主要包括用电信息采集、高级计量、配变监测、配电房环境监测、视频监控、配电设备运行状态监测、储能站监测等。

3. 关键技术

5G 关键技术包括无线传输技术和网络技术。

（1）无线传输技术主要包括以下几类：

1）大规模 MIM0 技术。基站使用几十甚至上百根天线，窄波束指向性传输，具有高增益、抗干扰能力，提高频谱效率。

2）非正交多址技术。NOMA、MUSA、PDMA、SCMA 等非正交多址技术，进一步提升系统容量。支持上行非调度传输，减少空口时延，适应低时延要求。

3）全双工通信技术。通过多重干扰消除算法实现信息同时同频双向传输的物理层技术，有望成倍提升无线网络容量。

4）新型调制技术。滤波器组正交频分复用，支持灵活的参数配置，根据需要配置不同的载波间隔，适应不同传输场景。

5）新型编码技术。采用 LDPC 编码和 polar 码，纠错性能高。

6）高阶调制技术。采用 1024QAM 调制，提升频谱效率。

（2）网络技术主要包括以下几类：

1）网络切片技术。基于 NFV 和 SDN 技术，网络资源虚拟化，对不同用户不同业务打包提供资源，优化端到端服务体验，具备更好的安全隔离特性。

2）边缘计算技术。在网络边缘提供电信级的运算和存储资源，业务处理本地化，降低回传链路负荷，减小业务传输时延。

3）面向服务的网络体系架构。5G 的核心网采用面向服务的架构构建，资源粒度更小，更适合虚拟化。同时，基于服务的接口定义，更加开放，易于融合更多的业务。

4. 与输电线路三维设计应用的结合点

目前 5G 技术与输电线路三维设计应用的结合点包括基于 5G 技术的"共享铁塔"设计、基于架空线路全生命周期的"天空地水一体化"输电线路测绘技术研究（无人机航测、5G、大数据、人工智能、VR、AR）、基于电网整体的输电线路动态增容技术研究（物联网、5G、统计学、机器学习、人工神经网络、概率模型）、基于电力传感器的输电线路环境能量收集技术研究（物联网、5G、能量搜集技术）。

智能电网涉及海量信息交互，需要先进的通信技术支撑。5G 通信系统融合了先进的网络技术，具有资源利用率高、传输速率快和频谱利用率高等方面的优势，在用户体验、传输时延和覆盖率等方面相比现有 4G 通信系统均有较大提升。然而，在探索探讨输电线路设计工作中各类无线通信应用场景的同时，需要基于 5G 通信关键技术的成熟性与建设应用成本等角度，全面分析 5G 通信支撑智能电网建设的可行性。

二、应用关键技术

(一) 基于智能设计的现代设计企业的信息化体系建设

工程总承包、设计总承包、全过程咨询等业务模式的兴起,标志着工程建设行业全产业链协同及跨组织、跨区域协同时代的到来。工程设计企业的业务范围也从单一、独立的项目设计向产业链上下游延展,业务模式的转变将带来企业运营方式的转变,而作为设计企业重要的信息化体系建设,更应当顺应趋势,基于资源、价值对现有系统进行升级。

如果说数字设计阶段,设计企业是重硬件、重系统、重质量、重效率,那么智能设计阶段,设计企业的实践重心要全面向重用户、重资源、重智慧的方向发展,并基于智能设计的内涵对现代设计企业的信息化体系建设进行规划。

面对以上发展需求,通过对设计企业现有信息化工具进行梳理,可以发现传统的勘察设计企业信息化建设习惯围绕企业组织结构及项目进行建设,设计业务管理模式是以内部管控主导的局域协同为主,数据和资源仍仅在项目内流动,无法为更大范围的资源共享及业务创新提供支撑。

基于以上背景,需要依托智能设计对现代输变电设计企业的信息化体系建设进行规划,展开来说就是以数字化技术、自动化技术和人工智能技术等新兴技术为基础,以"数据内核、价值驱动"为内核,以流程优化、IT 架构设计为手段,通过构建信息集成、业务协同、资源共享、渠道融合、智慧决策的智能设计信息化体系建设,支撑设计企业价值与竞争力根本性提升。

现代设计企业的信息化体系建设见表 3-1。

表 3-1　　　　　　　　　　现代设计企业的信息化体系建设

信息化体系	组织模式	业务流程	IT 架构
智能设计	扁平化、网络化的平台型组织	以"数据内核、价值驱动"为内核的多专业多任务并行的柔性流程	IT 智慧化架构
数字设计	围绕项目局域协同的金字塔型组织	以项目为核心的局域内部协同流程	IT 平台化架构
传统设计	业务离散的金字塔型组织	围绕组织结构离散开展业务流程	IT 竖井式架构

勘察企业数字化转型前后建设模型对比图如图 3-4 所示。

智能设计为设计企业的信息化建设赋予新的特征,即数据驱动、柔性结构、智慧决策与服务升级。

(1) 数据驱动。数据、信息成为新的生产要素,各个业务阶段的决策、管理均是数据支持的。

(2) 柔性结构。新技术的加入使设计企业的组织和流程具有自适应性,能根据客户、项目、市场的需求变化实时调整组织模式与业务流程等,具有柔性特点。

(3) 智慧决策。信息化系统内置智慧决策模型,具备了智慧化的自感知、自适应、自学习、自决策、自执行五大特征,且对全业务链赋能,能够基于数据和技术进行持续优化迭代。

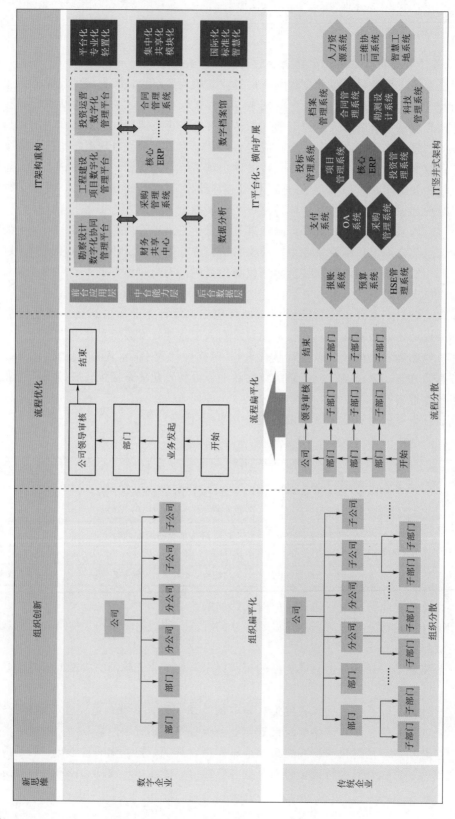

图 3-4 勘察企业数字化转型前后建设模型对比图

（4）服务升级。基于"平台型"设计企业的价值点，开拓"数据＋平台＋服务"的新服务模式，通过平台经济体建设，将产业链更多的参与主体连接起来。

（二）基于技术融合的多源数据集成及利用

输电线路工程跨度大、涉及区域广。在进行路径设计时不但需要利用各类勘测技术获取影像数据（DOM）、数字地面高程模型（DEM）、矢量地形图、水文地质等数据，还需要对接国土、规划、林业、气象、电力、交通等多部门进行环境数据收集。这些不同来源的数据在文件格式和数据结构上差异巨大。

同时，当前设计院仍是围绕"项目"为核心来开展业务流程，积累起海量设计数据资源，由于这些数据来源不同，且数据格式、数据标准、数据管理平台和管理方式各不相同，使得这些数据之间无法互联共享，形成了离散状态的"信息孤岛"，导致"数据爆炸但知识贫乏"的现象出现，造成了极大的资源浪费。因此，在智能设计阶段，如何集成这些量纲不一、形式多样、既有定量数据又有定性文字描述的数据，为信息资源共享和综合利用提供统一平台，成为亟待解决的重要问题。

智能设计涉及对多源数据融合、数据成图及数据库建设方面的研究，其中：对多源数据融合主要从数据获取、数据处理、数据融合等方面来开展研究；对多源数据数字成图领域的探索集中在专题底图制作、野外数据采集及调查、多源数据更新、数据格式转换等方面；对多源数据建库的建设主要从数据库的选择类型、空间数据如何建库、空间数据库系统测试等方面来进行。最终使智能设计在前述工作中实现多源异构全息数据平台搭建，并满足应用层对数据综合查询、调度及智能化分析计算的需求。

（三）基于"数据内核、价值驱动"的智慧协同设计系统研究

协同设计是不同的设计者围绕共同的设计任务，通过一定的协同交互机制进行讨论、分析和设计，共同完成设计任务。在数字化设计阶段，GIS、BIM、云计算、大数据等新兴技术的应用已实现了输电线路三维协同设计。但在应用中可以发现，虽然 BIM 技术具有可视化、协调性、模拟性、优化性、出图性等突出优势，但现有三维协同设计的内核仍然是围绕"项目"的设计工具变革，其协同交互机制仍是基于传统作业流程的，且由于 BIM 技术在 3D 建模和 2D 图纸成图方面的效率问题，当前的协同设计平台并未真正实现设计资源的充分利用和设计效能的明显提升。基于以上分析，在智能设计阶段，需要对基于"数据内核、价值驱动"的智慧协同设计平台开展研究。

智能设计阶段的智慧协同设计平台基于"数据内核、价值驱动"的建设理念，围绕"平台型"设计组织，建设应用软件，其中主要的关键技术有数据信息标准建立与维护、设计数据及信息结构化、多专业标准化协同作业模式、智能设计与在线设计集成、数据挖掘与抽取、系统研发与展现等内容。该系统建设完成后可大幅提高设计速度与设计质量，可在资源、设计行为、项目交付维度单独或同时提供文本（含音视频）、数据、BIM 成果的自由调用。

基于"数据内核、价值驱动"的智慧协同设计平台整体构架由支撑体系（信息系统标准体系、信息安全防护体系、信息化管控体系）、硬件系统、数据平台（数据服务和数据中间件）、协同设计应用系统（智慧在线设计、智能计算、交互式电子手册、BIM、进度、造价）等组成，如图 3-5 所示。主要的实施路径是：通过建立相关信息标准（包括图形标准、接口标准、文件标准、安全标准等），制定基于数据—3D、数据—2D、数据—文本转换信息数据规范，建立基于数据平台技术（包含文本库、模型、数据及其他信息）的智慧协同设计数据平台。在此基础上，基于"设计院核心价值"建设协同设计服务总线，通过服务总线解决多源异构系统下的智能在线设计模块、智能决策模块、交互式电子手册等应用集成。设计专业人员及管理人员在统一的平台上进行工作，在整个设计过程中对不同专业人员进行相互沟通和协调，并通过存储于服务器的中心文件共享设计内容，完成专业间提资交互工作，减少现行各专业之间（及专业内部）由于沟通不畅或沟通不及时导致的错、漏、碰、缺现象，真正实现所有文件信息元的单一性，提升设计效率和设计质量。智慧协同设计平台也对设计项目的规范化管理起到重要作用，包括数据挖掘服务、进度管理、设计文件统一管理、人员负荷管理、审批流程管理等。

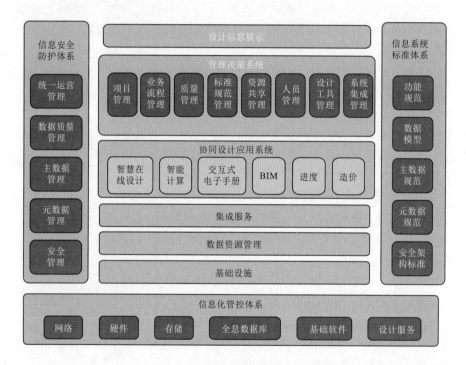

图3-5 智慧协同设计平台整体架构

（四）基于大数据、人工智能的"数据驱动决策"智慧决策体系建设

由大数据、人工智能、AR、VR、5G等新兴技术支撑的广泛互联、高度智能、开放互动和可持续发展的智能电网建设，是电力行业的发展趋势。作为智能电网建设的重要组成部分，输电线路三维设计工作目前已经实现了基于海量数据资源、人工智能算法在选线选址、杆塔选型、电气力学计算及空间校验等领域的应用，实现了各专业设计工作的精准、高效。

虽然设计企业本身已经积累起海量的数据信息，但是目前在实际工作和重要决策上，仍是基于"经验"的传统决策模式，缺乏对数据的挖掘、分析和利用。因此，采用将基于"数据内核、价值驱动"的智能设计内涵，探索基于人工智能的智能设计决策体系的构建，利用技术来解答设计企业对如何将积累的大量数据用于决策洞察让数据产生更大价值，以及面对决策问题的复杂性如何降低决策有限理性的局限，能够保障决策结果的理性合理等需求。

智能设计的智慧决策体系的创新性主要体现在三个方面：一是决策驱动力的转变，从传统的基于直觉、经验、行为决策方式转变为数据驱动决策的方式；二是上升到"能力与价值"的视角，在数据驱动决策过程中，数据挖掘、智能分析以及预测能力是核心能力，该核心能力深度契合设计企业的核心价值、竞争力与发展愿景；三是坚持基于实践应用对决策体系优化迭代。

基于大数据、人工智能的"数据驱动决策"智慧决策模型如图3-6所示。

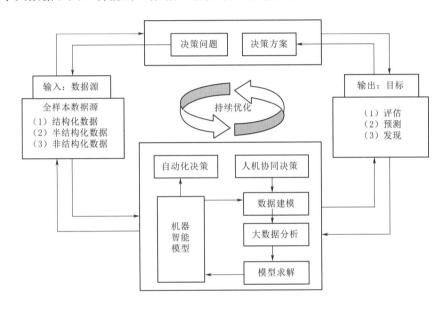

图3-6　基于大数据、人工智能的"数据驱动决策"智慧决策模型

目前"数据驱动决策"智慧决策体系建设组织过程如图3-7所示。

相关研究的复杂性主要体现在以下方面：

（1）决策问题的非线性结构。在大数据时代，数据结构75％呈现非结构化，传统的线性化数据处理决策体系已经不适用。

（2）决策问题的不确定性。基于"平台型"设计企业活动的动态性和开放性导致复杂决策问题在结构、参数、特征以及环境变化等方面的不确定性。

（3）决策问题计算的复杂性。计算的复杂性是指海量数据和多类型引起的问题规模、计算时长的问题，也就是在有限的时间内如何解决"算得多"和"算得快"的问题。

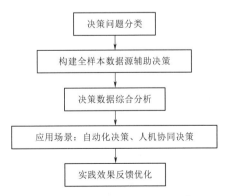

图3-7　智慧决策体系建设组织过程图

第三节　智能造价关键技术

智能造价主要包括造价数据智能提取技术、造价数据智能集成技术、定额及信息价自动套取技术、清单与定额关联技术等。

一、造价数据智能提取技术

1. 数据源文件中图片文字的识别

图片识别与数据的智能化提取流程如图 3-8 所示，项目全过程包含 16 种数据源，用于分析造价水平、变化规律及其影响因素，这 16 种数据源文件格式多样，其中 PDF、CEB 文件有嵌套图片格式的文件内容。从 PDF、Word 或 Excel 格式文件中搜索查询数据相对容易，但是从 JPG、TIFE、CEB 或各种文件中的图片上进行文字识别是一大技术难点。由于从 16 种数据源中搜索不到所需的关键造价数据，使得架空线路工程造价数据收集模板的比对率很低。

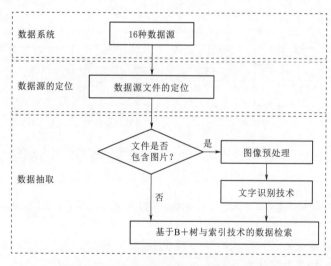

图 3-8　图片识别与数据的智能化提取流程

如果数据源文件包含图片，且这些图片多为照相机拍的图片或扫描仪扫描得到的图片，首先需要通过图片处理技术进行图像预处理，如灰度化处理、图像降噪、图像二值化，然后通过 OCR 文字识别技术转化为 Word 格式文件进行保存，最后利用智能化搜索方法进行查询。

2. 关键造价数据的智能化提取

在架空输电线路工程造价数据中，数据类型复杂多样，数据来源广泛，给关键造价数据带来了相当大的困难与挑战。从 16 种数据源、ERP 和财务系统等业务系统中的多种格式文件中，采用索引技术、B+树等技术准确定位关键造价数据所在的数据源文件，再用关键词检索或语义检索等方法从此数据源文件中智能化搜索 5 类造价数据收集模板所需的少量关键造价数据信息，如初步设计批复概算、竣工决算、工程名称、工程时间及设备购置费等，进行智能化自动抽取。

工程造价数据大多是浮点型、字符型的数据类型，具有一定的时序性和结构化的特点，在进行数据检索时，一般需要检索多种组合数据类型，通过建立索引这一举措，更好地实现数据查询。通过相关研究得知，倒排索引这一方法具有较好的可行性，能够在较短时间内查询到所需信息，在对数据进行检索时可以准确定位所需的数据。这一方法对字符型数据的索引较为适用，但此方法的不足之处是其在进行数值型数据范围检索时效果不及预期。由于B+树中叶子结构具有有序排布的特点，当进行范围检索的实际应用时，B+树有很好的表现。基于此，本文创新性地将B+树与索引技术相结合，作为一种架空线路工程造价数据检索的方法。

B+树与索引技术相结合的数据检索方法图解如图3-9所示，第1层为树状索引结构，它对数据的具体特点等设立了索引，并将其保存在特定的非叶子的结点中，B+树中的任何一个叶子结点都包含以下信息：A_i、PType、Pointer。

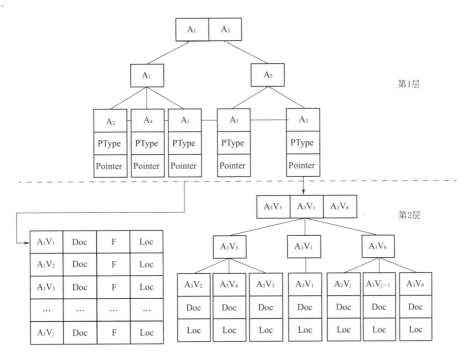

图3-9 B+树与索引技术相结合的数据检索方法图解

基于第1层索引层的特性数据值设计建立第2层索引结构，由两种不同的索引组成：①以数据数值类别为基础，结合B+树方法进行索引；②采用字符类别数据设立，并考虑倒排表方式，构成第2层索引结构。通过存储在B+树索引结构剩余非叶子结点中的其余数据，以及B+树其余叶子结点来进行数据检索。

此外，倒排索引由索引、记录表等构成，其中索引表对数据库表中一列或多列的值进行排序，使用索引可快速访问数据库表中的特定信息；记录表由每个索引词所对应的文档集合及所对应的位置关联信息所组成。第2层的倒排索引结构大体由4部分组成。

二、造价数据智能集成技术

数据集成过程包含数据标准化、数据校验和数据集成三个环节，如图 3-10 所示。

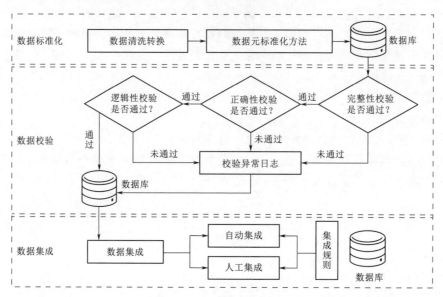

图 3-10　数据集成过程

1. 数据标准化

研究目前造价数据的编制标准、编制深度、数据格式以及计价模式，利用数据元标准化方法，设计不同种类造价数据的标准数据格式。对检索出的关键造价数据（如工程名称、工程时间、初步设计批复概算、批复可研估算、施工图预算、竣工决算、建筑工程费及设备购置费等），可采用元数据管理的方法，实现各类造价数据的标准化与规范化，从源头上统一数据格式，如编制规则、计量单位与计量规则等，使检索的关键造价数据满足数据集成规范，更便于工程造价数据的管理与存储，为将来造价数据分析与决策提供支持。

架空输电线路工程造价数据按照工程建设的实际情况包括估算（分析是否可行）、概算（开始阶段）、预算（招标阶段）、阶段性结算（施工过程）、结算（竣工阶段）等工程数据。文件繁多，涉及的部门也较多，导致数据格式、标准或计量单位等不一致，每个阶段的数据又分为财务类数据、工程技术指标类数据等，根据造价数据的种类进行标准化是有必要的。数据元说明了数据单元，根据一组不同的特别性质阐述基本定义、表示方法和允许值等，在独特的语境当中，它被看作不能够再继续分解的最基本的数据标准单元。将数据元进行标准化的这一过程被看作数据能否进行标准化的重要步骤，需要按照特定的规范，将命名、基本定义、相关结构、固有特性和描述等进行重新定义。

XML 是一种数据元，同时也是一种数据的传输格式，可定义数据的基本格式和统一标准。本文选取数据元标准规范架空输电线路工程造价的数据。

2. 数据校验

从 16 种数据源中抽取的已经具有标准数据格式的关键造价数据进行数据校验，为数据集成奠定基础。

造价数据经标准化与规范化后，按照预定义的规则进行校验，包括以下环节：

（1）完整性校验。根据数据集成规则的要求，全面校验已选择数据中的关键数据项是否包含所需数据，如重要的工程名称、时间、技术指标、五算数据等。若所关注的关键数据项存在缺失的现象，则需要进行修改或人工填写；若结果显示不为空，则通过本次校验，并转入下一步进行校验。

（2）正确性校验。全面对比已筛选的各数据类型、精度、数据项等信息与集成规则的要求是否相符合。要求其数据类型为整数型，若不是整数，则判断该数据错误，需要返回原数据进行修改；若没有发现错误，则通过本次校验，并转入下一步进行校验。

（3）逻辑性校验。例如，工程的竣工时间必须晚于工程可研评审时间或初设评审时间，一旦不符合这一规则，则判断数据出现错误，需返回修改原数据。

对于未能通过校验的数据，系统将会生成对应的校验异常日志来保存其中的验证信息。

3. 数据集成

将校验后的关键造价数据进行整合，并按照录入规则自动化填报到 5 类造价数据收集模板中，提高数据比对率。同时，采用中间件模型对关键造价数据进行合并集成，并将这些关键造价数据存储于相关数据库，实现数据共享。数据集成过程中存在一系列技术难点，如：①架空输电线路工程造价数据源种类多，每类数据源下有多个格式多样的文件，关键造价数据检索困难；②检索得到的关键造价数据格式不统一，数据的标准化与规范化困难；③数据校验与集成规则多，输变电工程造价数据收集模板表格中的数据自动填充困难。

架空输电线路工程造价数据格式多样，为了实现不同数据源中多种文件格式数据的交换集成，采取统一的数据转换模式很有必要。建议选取中间件技术，把从多种数据源采集数据转换为 XML 元数据的描述方式，再将查询得到的关键造价数据按照集成规则进行数据合并，并将这些关键造价数据存储于相关数据库，实现数据共享。将校验后的关键造价数据进行整合，并按照录入规则自动化填报到输变电工程造价数据收集模板中，提高数据比对率。

三、定额及信息价自动套取技术

工程造价编制过程中，技经人员面临两大难点：第一是需要根据个人经验手动编制定额、确定定额系数；第二是确定主材设备价格。无论是定额套取还是价格的筛选引用，都属于经验性、重复性工作，因此可以应用新的数据技术模拟人为操作，实现定额及信息价的自动、快速、精准的套取。

电网工程定额及信息价是一套标准的业务数据，在对其标准化入库的基础上进行分词，从而形成一套关系型词库。采用的分词方法包括基于词典的机械匹配分词方法、基于统计的分词方法和基于人工智能的分词方法。具体的分词算法包括最短路径分词算法、最大匹配分词算法、N-最短路径分词算法等。

构建了关系型词库就完成了定额及定额匹配条件的梳理，利用词库条件和三维模型及其属性进行交叉对比，可以实现定额和信息的自动套取。这种通过分词形成的匹配关系模板可以控制其匹配条件的强弱关系，当采用中度映射匹配或者弱映射匹配时，执行结果可能是多条记录。所以需要为不同条件下的匹配结果进行成功概率分析，将成功概率最高的结果执行自动关联从而实现工程造价自动编制。

1. 分词算法

（1）基于词典的机械匹配的分词方法。事先建立词库，让其按照一定的策略将待分析的汉字串与一个充分大的词典中的词条进行匹配，若在词典中找到该字符串，则识别出一个词。按照扫描方向的不同，匹配分词的方法可以分为正向匹配和逆向匹配；按照不同长度优先匹配的情况，又可以分为最大匹配和最小匹配。

（2）基于统计的分词方法。对语料中相邻共现的汉字的组合频度进行统计，计算他们的统计信息并作为分词的依据。从形式上看，词是稳定的字的组合，因此在上下文中，相邻的字同时出现的次数越多，就越有可能构成一个词。因此与字相邻共现得频率或概率能够较好的反映成词的可行度。可以对预料中相邻共现的各个字的组合的频率进行统计，计算它们的互现信息。计算汉字 X 和 Y 的互现信息公式为

$$M(X,Y) = \frac{yP(X,Y)}{P(X)P(Y)} \tag{3-1}$$

式中　$P(X,Y)$——汉字 X，Y 的相邻共现概率；

$P(X)$、$P(Y)$——X，Y 在语料中出现的频率。

互现信息体现了汉字之间结合的关系的紧密程度。当紧密程度高于某一个阈值时，便可认为此字组可能构成了一个词。这种方法只需对语料中的字组频度进行统计，不需要切分词典，因而又叫做无词典分词法或统计取词方法。

2. 构件数据体系

随着输变电工程投资逐年增加的现状，亟待提升工程造价管理的信息化水平，逐步构建输变电工程造价分析"大数据"体系，结合目前的实践，已初步建立了"大数据"雏形。输变电工程造价分析数据类型可以分为结构化数据和非结构化数据，其中：结构化数据即行数据，可以用二维表结构来逻辑表达实现的数据；非结构化数据即结构化数据以外的数据，是以各种类型的文本形式存放的数据。非结构化数据包括上传的所有格式的文档、图片、各类报表、造价软件等文件。输变电线路工程数据架构是分解结构化数据的构成、分析非结构化数据的组成的体系。

3. 输变电工程结构化数据

输变电工程分新建、扩建主变、扩建间隔三类进行归类分析。各电压等级的工程数据体系分为工程基本信息数据、工程技术经济数据（电气、建筑、费用等）指标。工程基本信息数据主要包含了工程建设地域、建设时序、自然条件等数据指标。而以变电工程为例，工程技术经济数据中：电气方面主要包含了变电站型式、建设规模、配电型式、接线型式等数据指标；建筑方面主要包含了建筑面积、构支架工程量、站区基础等数据指标；费用方面主要包含了变电工程估算、概算、决算等数据指标。

4. 业务数据词库建立

词库分为关键词库、过滤词库和映射词库，用于开发分词工具提取定额的特征值。其中关键词库用于二次分词；过滤词库用于过滤无效数据；映射词库用于约束定额或信息价灵活套取条件。例如"室外焊接钢管安装螺纹连接 DN20"，对它进行分词，先根据空格进行分词变为【室外焊接钢管安装螺纹连接 DN20】，关键词库为室外、焊接钢管；之后

对"室外焊接钢管安装"进行二次分词，变成【室外、焊接钢管、安装、螺纹连接DN20】，过滤词库为安装，将"安装"去掉；最终【室外、焊接钢管、螺纹连接DN20】最终分词为【室外、焊接钢管、螺纹连接、DN20】。

5. 定额特征值

以管道为例，焊接钢管的定额特质值为【焊接钢管、室外、螺纹连接、DN32】，将特征值入库。存储的关系为：定额GUID、特征值。

6. 构件属性配置

对于构件的属性针对定额、清单等配置了相应的属性设置进行数据合并。如果构件属性配置项不满足定额、清单的特征值，可再添加列用于配置定额、清单的特征值。

7. 匹配分析

遍历构件属性，根据属性值匹配定额的特征值。如果匹配后是多条数据给出提示，用户可在多条中选中一条。

定额及信息价自动套取流程如图3-11所示。

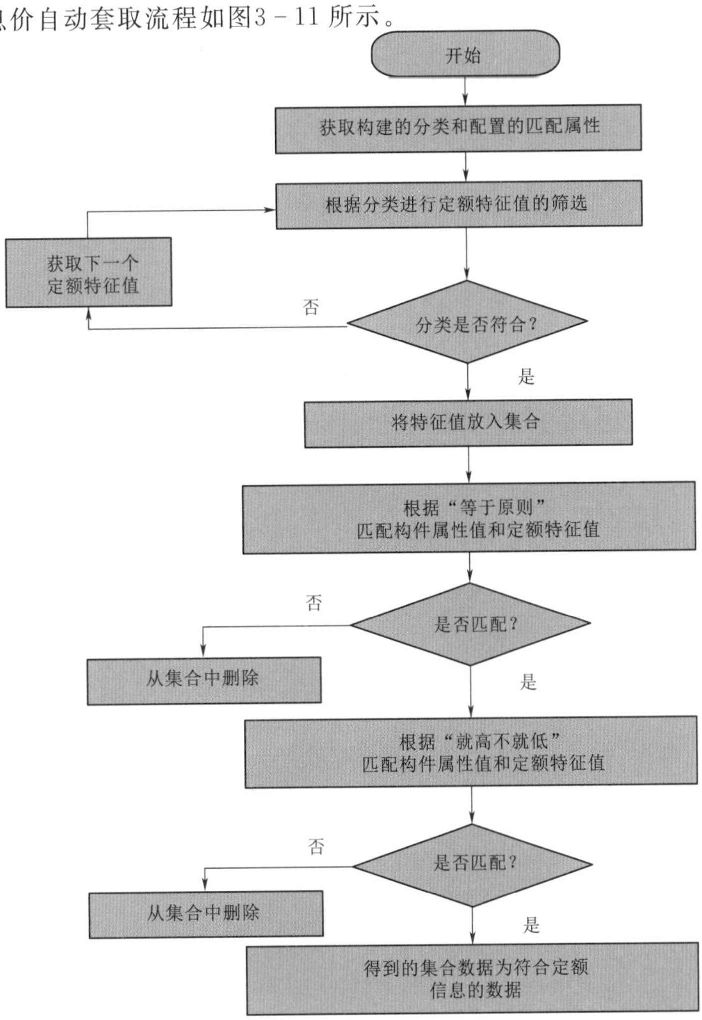

图3-11 定额及信息价自动套取流程

四、清单与定额关联技术

在实际预算工作中，实体项目的分部分项工程清单项目往往是预算工作的重点，也是与上下游软件共享的主要信息。在造价平台中，利用设计模型属性信息进行工程量统计时，需要对设计模型属性信息进行识别和判断，从而确定某个模型应该对应于哪一条定额。但是，由于清单规范的信息组织和表达方式的限制，现有的输电工程概预算软件主要采用的是人工编制清单项目的处理方式。而要利用计算机进行智能化处理，需要对其信息组织方式进行一定的处理，使其信息组织方式更加程序化，便于计算机对模型所包含的信息进行自动地识别和提取，同时能对应在定额库中筛选出相应定额。

基于设计信息语义库及内置的逻辑判别规则库的概念，建立清单项目判别模型，如图3-12所示。该模型是工程量统计时清单项目智能化生成的理论基础。在系统中，通过设计模型携带的工程信息，能够智能的在数据库中进行定额的筛选。

根据定额信息生成清单项、清单工作内容，需要分析定额与清单间的关联关系，清单项与项目划分的关系。清单生成过程如下：

（1）根据定额所在的项目划分，匹配得出清单的项目划分，先把定额定位到具体的项目划分下。

（2）根据定额的项目内容，结合清单的工作内容，项目特征，梳理制定定额和清单的关联关系，并形成数据库。

（3）根据定额的项目内容，结合清单的工作内容，定位到具体的清单项目下。对于同一清单项目下的同一定额，做合并处理。对于同一清单项目下不同的特征值，在清单编码后增加流水号做区分。

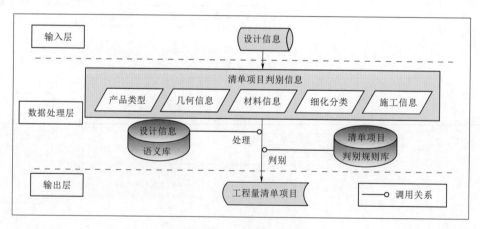

图3-12 清单项目判别模型

全息数据平台　第四章

电网设计是高度依赖数据的专业领域，其核心就是数据，涉及电网的系统数据和相关的物理空间数据。数据是开展一切设计工作的基础。目前，仅依靠地理信息与电网工程设计结合是远远不够的，急需进行技术升级和迭代，以达到提高生产效率、控制工程成本等更高的要求。智能设计需要大量高质量数据，通过这些数据的深度挖掘应用，完成高质量电网设计。为了更精准地做好电网智能设计工作，提出构建一个适应于人工智能的电网设计数据平台。

第一节　全息数据概念

电网建设和改造工程项目具有点多面广、跨度大、涉及征地拆迁范围广等特点，电网建设企业涉及的前期工作存在变电站选址和线路路径困难以及部分电网规划与地方土地利用规划冲突等问题。为有效解决电网建设和改造过程中存在的问题，在项目建设前期，将业务流、数据流与现代计算机技术充分融合发展，实现对行政数据和技术数据的有效组织和统筹管理，在此基础上打造智能化、简洁化、数据高度整合的智慧前期全息数据平台规划体系，以推动智能设计和智慧建设等领域的发展。

随着输电线路智慧化管理水平的不断提升，采用信息管理系统进行输电线路数据分析管理，通过全息数据分析和大数据融合方法，实现对输电线路工程的各项业务智能化监测，以此为基础在云服务器构建输电线路数据平台，并在相关场景的基本功能模块中实现数据信息化管理和平台支撑设计，以此提高输电线路的信息化管理能力。因此，相关的输电线路全息数据平台构建方法研究在输电线路的智慧管理设计和信息在线监测中具有重要意义。

全息数据平台是一个全新的数据平台，核心是数据，是支撑智能设计的核心。利用先进的数据融合技术，将地理信息、地上地下实体信息、规程规范、模型虚拟信息等进行整合、拼接、调用，实现人工智能在选址选线等工程项目中的应用。数据包括地理信息、地上物、地下物等实物体，以及设计规程、规范、数据虚物体，每个物体被定义赋予相关特征信息。全息数据平台采用人工智能技术、大数据技术、多元地理信息数据融合处理技术、生成式对抗网络（Generative Adversarial Networks，GAN）技术等实现地理信息数据获取、智能选址选线以及工程项目智能设计功能。

基于大数据、图像识别、虚拟成像、数字孪生等技术，统一标准、统一规格、统一属性、统一赋能，融合多源数据，还原现场真实环境，构建适用于智能设计的全息数字孪生平台，形成虚拟全息空间环境，重现空间孪生体或克隆体，能够完成三维虚拟全息环境的构建。

第二节　全息数据内容

一、数据环境

在工程项目中，使用三维场景构建技术，在全息数据平台上合成三维环境影像，构建三维虚拟环境，用于智能变电设计与建设。三维虚拟环境场景构建的重点包括：

（1）通过调查和研究，了解目前区域内国内外电网、地质、航天、交通等行业卫星图片、航空图片等内容，获取相关有效数据信息，为构建三维虚拟场景提供数据准备。

（2）研究国内外各主流 GIS 平台及所支持的地理信息数据格式，通过对不同数据格式的分析及对比建立符合项目要求的数据组织结构和算法。

（3）研究将矢量地形图数据与地理信息数据融合方法，将不同比例尺地形图叠加到三维数字化站址路径选择场景并实现快速切换。

（4）研究将河道、路网、矿区等专题图数据与地理信息数据融合方法。数据融合成果将为站址选择提供优化依据。方便设计人员设计施工过程中对运输费用进行综合考虑，得出最优站址结果。

二、全息数据

（一）数据概念

1. 全息

全息是 1947 年 Gabor 发明全息照像术时由希腊字"holos"演变而来，意为完全的信息。全息照像不仅记录了被摄物体反射波的振幅，同时还记录了光的位相信息，可以利用光的干涉和衍射原理再现物体表面的三维图像。由于激光波长分布范围非常窄、定向性好，较好地满足了光的干涉条件，全息照像常常选用激光作为光源，将同一激光源分为两束，一束激光直接射向感光底片，另一束激光经被摄物体表面的反射后折向感光底片，两束激光在感光底片上叠加产生干涉，感光底片记录了激光的振幅信息（物体的反光强度）和两束光的位相信息（物体的三维形态）。在日常光下人眼直接观察感光底片，只能看到感光底片上像指纹一样的干涉条纹。如果用激光去照射感光底片，把物体光波上各点的位相和振幅转换成在空间上变化的强度，人眼透过感光底片就能看到与原来被拍摄物体完全相同的三维立体像，这种三维立体像称为全息图或全息照片。

全息照的"像"不是物体的"形象"，而是物体的光波，即使物体已经不存在了，但只要照明这个记录，就能使原始物体"再现"。全息图储备了大量的信息，图中任何部分都可以重现全部景物。局部能映射整体是全息图的最大特征，但感光底片上各点的容量有限，随着感光片的碎片变小，成像的模糊性增加，仅呈现整个物体的近似图形，到达某一阈值时就完全不能再现整个物体的图像。将物理学中全息摄影的概念泛化则形成了一门研究"部分"如何重现"整体"的科学—全息学。

2. 全息学与全息元

全息学是研究事物间全息关系特性和规律的学说。全息学的基本论点是：①部分能映射整体，即把物体的特征分别加以考察，由此推测出物体相应不同级别的整体特征；②时段可以映射发展过程，可以通过时段的事物过程信息发现时空变化规律，进行科学预测分析；③四维时空域或多维抽象域要映射统一形成过程。其核心思想是宇宙是一个不可分割的、各部分紧密关联的整体，任何一个部分都包含整体的信息，这种能映射整体特征的部分都称为全息元。

全息元是指物体具有一定形态和基本功能的结构单位，能反映整个物体的信息，且与其周围的部分有相对明显的边界。全息元的物体特性相似程度较大，各部位全息元上的分布规律与各对应部位全息元上的分布规律基本相同，使每个全息元在不同程度上成为整体的缩影。

3. 全息重构

全息学认为在宇宙整体中任何事物或部分均按全息构成，部分是整体的缩影，所有事物间相互联系，各子系统与系统、系统与宇宙间全息对应。全息重构就是从全息元认识整体的思维过程，通过分析研究对象的全息元、全息元与全息元之间以及全息元与整体之间的相关性关系，认知研究对象的显态信息，从相关性关系中挖掘隐含在全息元中的事物所没被发现的潜信息，并在此基础上推测出全息联系，从而发现研究对象的时空变化规律。

全息学中的所谓全息并非绝对一致和完全的一一对应。全息只显示了事物的相似性，而差异更具有绝对性，如全息图的一个碎片虽能再现全象，但却不如整张照片清晰。全息不全现象在现实世界中普遍存在，有些全息特征可能由于外因干扰而发生形变，存在着全息元不能完全映射整体的部分，仅相似地显示了全息整体。在科学研究过程中，为了克服全息不全的实际情况，一方面进行科学随机采样，尽量选取有代表性的样本，即选取的全息元应尽可能与母体接近，使用最少的数据获得最多的信息；另一方面采用大数据分析方法，不是随机样本，而是全体数据，要让数据说话，这里数据就是全息元。利用大数据发现和理解信息内容及信息与信息之间的关系（全息重构）时，首先不是依靠分析少量的数据样本，而是要分析与某事物相关的所有数据；其次不再追求数据的精确性，乐于接受数据的全息不全现象；最后不再探求数据因果关系，转而关注数据的相关性。

4. 全息数据

全息数据就是包含数据全部信息的数据。全息信息又叫多维信息或立体信息，这种信息是多渠道、多视角、多侧面收集、编写而成的。全息信息模型，顾名思义，是指包含了系统所有信息的模型。具体体现为系统中的数据不仅仅有各设备的工作状态信息、数据传递信息、系统交互信息，更包含了影响系统运行的数据，如系统所处的自然、社会环境信息等。

（二）数据类别

电网设计全息数据平台是电网智能设计的基础，相关数据要种植到平台上，形成立体熟数据（Cooked Data，CD）。需要种植电网工程设计相关的数据主要分为地理信息、地上物、地下物以及数据虚物体四类，其中：地理信息包括地形地貌、高程、公路、铁路等基本信息；地上物包含电力杆塔、树木、建构筑物等物体；地下物包含矿产、地层结构、地下管道等；数据虚物体主要包括设计所需的设计规程、规范、模型及政府文件等。在此基础上，判别该区域的属性，划分区域性质，即规划区、文物保护区、自然保护区等，即为属性判别区域。多源数据类别见表4-1。

表4-1   多源数据类别表

地理信息	地形地貌、高程、公路、铁路、卫星影像、机场、河流、森林公园、地质公园、湿地公园、风景名胜区、自然保护区、公益林、水源保护区、水土流失重点预防和重点治理区、水文、气象等基础地理信息
地上物	电力杆塔、树木、建构筑物
地下物	矿产、地层结构、地下管道
数据虚物体	设计规程、规范、模型、政府文件、工程设计资料、属性判别区域、地势规划区、区县规划区、特殊保护区、文物保护区、地质构造图、舞动区域分布图、污区分布图、冰区分布图

（三）数据定义

1. 结构化定义

不同来源的数据如何进入到电网设计全息数据平台是一个难题，尤其是各类工测地物数据和扫描地图等图形数据。为了能够让平台更方便地录入各类环境数据，需要将环境数据尽量进行结构化定义。通过数据的结构化使得平台导入的数据能够最大程度上被计算机直接识别和使用。

能够快速进行结构化的数据主要以工测地物数据为主，这类数据可以直接形成计算机能自动读取的结构化数据成果。具体的结构化定义形式如图4-1所示。

2. 属性定义

考虑到数据的有效使用，将数据属性定义分成红区、黄区、绿区、灰区四个区，其中：红区为工程设计选址选线过程中必须避让的区域；黄区为工程设计选址选线过程中需要付出直接或间接代价方能经过的区域；绿区为工程设计选址选线过程中可无代价经过的区域；灰区为工程设计选址选线过程中存在潜在问题的区域，可随实际情况转化成为其他类型区域。具体数据属性归类见表4-2。

桩点标识说明	桩点标识	桩名/点号	桩名/点号说明	投影坐标北向/纬度	投影坐标东向/经度	高程	桩类型	点类型说明
测桩#，测点为空	#/(空)	桩名/点号	桩名必须以字母开始，点号为不重复的整数				桩(0/1/2/3);点(0/1/2/3/4)	测桩：转角桩/塔位桩/直线桩/辅助桩 测点：普通点/左风偏点/右风偏点/危险点/塔基地形点

地物类型标识说明	地物类型标识	分类编码	分类编码说明	线面物体实测点数	属性1	属性2	属性3	属性4
两点房	F2	0/1/2/3/4	砖(空)/砖混/钢/大棚/简易	2(空=2)	层数(空=1)	屋顶类型 (0平(空)/1尖)	房高	房宽
三点房	F3	0/1/2/3/4	砖(空)/砖混/钢/大棚/简易	3(空=3)	层数(空=1)	屋顶类型 (0平(空)/1尖)	房高	权属(空)
房	F4	0/1/2/3/4	砖(空)/砖混/钢/大棚/简易	n(大于3)	层数(空=1)	屋顶类型 (0平(空)/1尖)	房高	权属(空)
房	F5	0/1/2/3/4	砖(空)/砖混/钢/大棚/简易	n(大于3)	层数(空=1)	屋顶类型 (0平(空)/1尖)	权属(空)	
中心路	L0a	1/2/3/4/5/6/7/8/9/10/11/12/13/14/15/16/17/18/19	电气化铁路/铁路/高速公路/国道(一级)/国道(二级)/国道(四级)/省道(一级)/省道(二级)/省道(三级)/省道(四级)/机耕路(空)/田间道/乡村路/小坎路/大坎路/快速路/街道/电车轻轨	n(大于1)	路宽	路高	名称(空)	权属(空)

图 4-1　结构化定义形式

表 4-2　　　　　　　数 据 属 性 归 类 表

红　区	地市规划区、区县规划区、森林公园、地质公园、湿地公园风景名胜区、文物保护区、生态保护红线、自然保护区、机场、特殊保护区、军事禁区、世界文化和自然遗产范围、风机、微波塔等影响路径选择的地面设施范围、一级公益林、水土流失重点预防和重点治理区、地下管道分布区、水源保护区、河流浸没区、规程规范要求躲避区域
黄　区	地质条件较差区域、重冰区、重污区、三级舞动区、雷害区、二级公益林、地面需迁改的建构筑物所在区域范围
绿　区	线路路径及变电站选址理想区域
灰　区	基本农田、地质灾害潜在区域、属性判别区域

3. 数据格式

数据的格式主要包括矢量图形、DOM（Documebject Model）、DEM（Digital Elevation Model）、文本文件、三维模型文件、工测相关数据文件、激光点云文件等。多元数据需要融合。在设计平台的构建中，需要融合包括结构化数据、非结构化数据和图片数据等各种数据源。利用大数据、图像识别、虚拟成像等技术进行处理分析。通过分析国内外主流 GIS 平台及三维设计技术的应用情况，研究、融合并管理各类新型测绘数据和工测数据，形成统一标准数据格式。

三、数据种植

通过数字孪生和克隆技术将相关数据种植到平台上，经过处理和清洗，形成立体全息可使用的熟数据。数据种植实际上是将不同渠道获取的数据以统一标准、格式进行转换、筛选、精准拼接，分区域的"种植"到全息数据平台的过程，其中已经能够结构化的数据可以通过自动导入的方式将数据加载到统一的信息数据库中。同时，由于这部分数据已经抽象为参数描述的模型,在数据载入的过程中可以通过计算机编码自动形成相应的三维模型。除了结构化数据之外,还有很多非结构化的环境数据需要载入到平台进行统一的管理。这部分数据可以以底图的形式进行处理并加载到系统中,通过图层等方式进行管理或通过图像处理等先进技术将数据格式进行转换,重新结构化定义,以便计算机正确地识别。

需要种植电网工程设计相关的数据主要有地理信息、地上物、地下物以及数据虚物体(孪生体)四类;利用数字孪生技术,通过数据种植、清洗、煎熟,形成获得立体全方位空间熟数据,用于强人工智能算法使用。

构建的全息数字孪生平台是实物空间的孪生体。在全息数字孪生平台上,结合模块化设计,通过数字孪生、克隆技术生成实际物体孪生体,同时也可以开展全过程设计、模拟施工、运维等。每个独立模件是一个感知体,具有电网识别码(Grid Identity Document,GID),全生命周期有效。

现场空间孪生体,经过设计、加载、加工变成设计产品(可研、初设、施工图、竣工图),就是设计孪生体;再经过建造变成实物孪生体(电网),设计孪生体和实物孪生体是一对一模一样的孪生体。

采用这个孪生体可以建设孪生变电站、孪生输电线路,形成数字孪生电网。在数字孪生电网上可以开展实物电网上所有的一切工作,可以提前分析、预判、诊断等,用于指导实物电网运行、控制、维护、仿真等健康管理。

(一)数据处理

为保障电网数据的精确性,原始数据必须经过电网空间数据的精确采编和有效性管理。非结构化数据处理相关的工作时间通常占比较大。数据的质量,直接决定了后期智能设计模型的使用,涉及很多因素,包括准确性、完整性、一致性、时效性、可信性和解释性。而在真实数据中,可能包含了大量的缺失值、无效数据等,也可能因为人工录入错误导致有异常点存在,非常不利于算法模型的训练,因此必须进行数据的处理。数据的处理包括数据清理、数据集成、数据规约和数据变换,完成对各种脏数据进行对应方式的处理后,得到标准的、干净的、连续的数据,提供给数据统计、定义、挖掘等使用。

(二)数据结构

全息数据平台结构图层管理主要分为地理信息、专题图层、四库图层、工程图层、电网数据五个图层。多源异构全息数据平台结构图层如图4-2所示。

四、数据煎熟

进行数据种植后,接下来是把繁杂、质量参差不齐的原始数据通过图像识别神经网络等方法转化为可供直接利用的精准数据,此过程被称为数据煎熟。在全息数据平台中,原始数据可理解为数据分区种植完成,但不能供后续设计流程直接使用的待处理或者错误的数据。熟数据是指原始数据经过加工处理后的数据,处理包括装载、分析、重组和提取,经过处理的数据可以方便工程设计的使用。

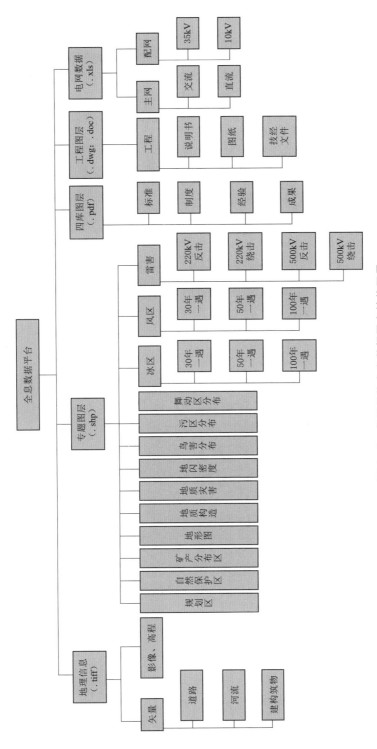

图 4-2 多源异构全息数据平台结构图层

第三节　全息数据平台构建

一、全息数据采集

为了实现基于云场景的输电线路全息数据平台构建，对全息数据平台的应用场景进行模拟以及环境信息评估，构建实体功能模块，采用直流负荷控制方法，得到输电线路全息云场景数据的离散时域调度参数调度函数 $x(t)$ 为

$$x(t) = \int_{-\infty}^{+\infty} c_i \, di + \frac{2\pi}{\sqrt{r_n}} \tag{4-1}$$

式中　i——输电线路全息云场景数据参数；

　　　c_i——交流频率和直流电压动态的联合分布参数；

　　　r_n——全息数据特征分量。

对拟构建的全息数据平台的应用场景进行模拟参数调度，得到输电线路全息数据的空间状态特征分量 $\overline{x}(t)$ 为

$$\overline{x}(t) = \tan^{-1}[\alpha - x(t)] + \frac{\sin\alpha}{\pi^2 - \cos x(t)} \tag{4-2}$$

式中　α——输电线路全息数据传播时频；

　　　$x(t)$——离散时域参数调度函数。

通过对云场景的分析与挖掘，构建全息数据平台。在此基础上采用电力数据均衡控制方法，得到输电线路的负荷特征响应，构建输电线路全息云场景数据的有限分布集，则输电线路负荷动态分布的最大波动参数 z_{max} 为

$$z_{max} = \frac{\max z_{xy}}{\min z_{xy}} + \frac{\alpha^2}{\theta - \alpha} \tag{4-3}$$

式中　z_{xy}——输电线路的动态耦合参数；

　　　θ——负载角。

由此构建输电线路全息云场景数据异常波动检测统计量和判决函数，分析输电线路全息云场景数据的检测统计特征量，得到数据异常波动 $m_0(w)$ 为

$$m_0(w) = \frac{P_n(h)}{z_{max}} + \sin\int_1^\infty h_k \, dk \tag{4-4}$$

式中　k——输电线路全息云场景数据异常参数；

　$P_n(h)$——输电线路全息云场景数据模糊度参数；

　　　h_k——输电线路全息云场景数据异常检测函数。

假设输电线路全息云场景数据的驱动特征分量满足随机概率密度分布，得到输电线路全息云场景数据稳态参数分布量化集 $\overline{x}$ 为

$$\overline{x} = \lim_{w \to \infty} m_0(w) + \sqrt{2 - \pi} \cdot \sum_{w=1}^{\infty} h_w \tag{4-5}$$

式中　h_w——输电线路全息云场景数据的概率密度分布函数；

m_0——初始驱动特征分量。

输电线路全息云场景数据的灰色分布集 X 为

$$X = \{x_i, x_2, \cdots, x_n\} \qquad (4-6)$$

式中　n——输电线路全息云场景数据集 X 中的数量。

构建输电线路全息云场景数据采集函数 $I(\tau)$ 为

$$I(\tau) = (\tau + \overline{x})^2 \cdot \sqrt[n]{(p_i - x_n)} \qquad (4-7)$$

式中　τ——输电线路全息云场景数据的联合时滞分布参数；

p_i——输电线路全息云场景数据的波峰幅值。

二、全息云场景数据融合

根据业务流转和信息融合分析方法，建立数据融合调度模型，得到输电线路全息数据融合迭代式 $x_{id}(t+1)$ 为

$$x_{id}(t+1) = c \cdot I(\tau) - |x_{id}(t)|_2^2 \qquad (4-8)$$

式中　$c \in [0, 10]$——数据融合系数；

$I(\tau)$——输电线路全息云场景数据采集结果；

$x_{id}(t)$——输电线路全息数据处理迭代次数函数。

采用灰阶样本信息重构的方法，分析输电线路全息云场景数据融合的输出增益 $v_i(t)$ 为

$$v_i(t) = \cos[x_{id}(t+1)] - \frac{\Delta V_{DC}}{\pi - 1} \qquad (4-9)$$

式中　V_{DC}——输电线路全息云场景数据稀疏筛选判据函数；

$x_{id}(t+1)$——输电线路全息数据融合结果。

结合大数据信息融合，实现对输电线路全息云场景数据的信息重构。其中，输电线路全息云场景数据信息匹配度 x_k 为

$$x_k = \frac{2}{na_n} + \int_{t=1}^{\infty} v_i(t)\mathrm{d}t - \cot\alpha_n \qquad (4-10)$$

式中　a_n——输电线路全息云场景的谱分量系数。

用虚拟同步参数融合方法，得到输电线路全息云场景数据的融合度关联分布集 $i_{\sec}(t)$ 为

$$i_{\sec}(t) = \frac{x_t \cdot i_{pri}(t)}{i_{L_{mx}}(t) + \sum_{t=2}^{\infty} x_t} \qquad (4-11)$$

式中　$i_{pri}(t)$——输电线路全息云场景数据的谱向量；

$i_{L_{mx}}(t)$——输电线路全息云场景数据空间维度。

采用有限数据解析方法，把输电线路全息云场景数据 X 分为 K 类，结合高阶信息融合得到输电线路全息云场景数据的驱动能量参数分布 E 为

$$E = \frac{K - \sum_{K=1}^{K} \alpha_K}{X i_{\sec}(t)} \qquad (4-12)$$

式中 α_K——输电线路全息云场景数据的驱动监测函数。

得到输电线路全息云场景数据的区块融合参数 $\alpha(t)$ 为

$$\alpha(t) = \sqrt{E} \cdot \phi(t) - \pi(c_1 + c_2) \quad\quad (4-13)$$

式中 $\phi(t)$——输电线路全息云场景数据区块离散度;

c_1、c_2——不同的数据区块。

根据输电线路全息云场景数据的融合结构,采用分组回归分析,得到输电线路全息云场景数据的融合模型为

$$\hat{f}_i(n) = K[a_i + \alpha(t)] - \int_{-\infty}^{\infty} f(n)\mathrm{d}n \quad\quad (4-14)$$

式中 $\hat{f}_i(n)$——输电线路全息云场景数据样本数据集;

$\alpha(t)$——区块融合参数;

a_i——输电线路全息云场景数据的分块聚类参数集。

三、全息云场景数据聚类

在云场景中将各类命令指向场景内的各类物理实体,采用递进分析模型进行输电线路全息云场景数据的驱动控制,采用循环迭代实现对输电线路全息云场景数据的频率响应分析,进行输电线路全息云场景数据传输的自适应调度,描述为

$$parity(q_p(z)) = \frac{\hat{f}_i(n) - \int_{p=i}^{\pi} q_p(z)\mathrm{d}z}{parity[r_p(z)]} \quad\quad (4-15)$$

式中 $r_p(z)$——输电线路全息云场景数据波动频率响应时长;

$q_p(z)$——输电线路全息云场景数据自适应随机分布函数。

对上述迭代结果进行线性加权,用随机采用方法,构建结果为 $\sum_{\sigma} \mu^{mw} T_{\sigma}^{W}$,得到输电线路全息云场景数据的样本聚类分布参数 $F(x_i)$ 为

$$F(x_i) = \frac{parity[r_p(z)]}{parity[q_p(z)]} - \sum_{\sigma} \mu^{mw} T_{\sigma}^{w} + \int_{i=m}^{n} r_i(x) \quad\quad (4-16)$$

式中 $r_i(x)$——输电线路全息云场景数据的样本特征匹配值;

$\sum_{\sigma} \mu^{mw} T_{\sigma}^{w}$——输电线路全息云场景数据的空间传递模型,其中 $m \in [1, n]$。

通过簇头聚类和自适应加权学习,进行输电线路全息云场景数据的簇头选取,得到构建输电线路全息云场景数据的分层聚类模型,得到聚类信息分布序列 $\tau(t)$ 为

$$\tau(t) = c \cdot \sum_{i=1}^{\pi} F(x_i) + \Delta \mid (k, i) \mid^2 \quad\quad (4-17)$$

式中 c——输电线路全息云场景数据采用的多普勒时延;

$(k, 0)$——输电线路全息云场景数据的分簇聚类参数。

通过有功功率均衡控制频域调度的方法,进行输电线路全息云场景数据聚类处理,以提高数据平台的综合管理能力。

四、全息数据平台构建

在云场景中采用交互驱动控制方法，提取输电线路全息云场景数据的自相关特征量，得到输电线路全息云场景数据的样本回归分布距离 d_j 为

$$d_j = \frac{1}{2\sqrt{2}} \sqrt{\tau(t)} + (\omega_{k-1,j} - \omega_{0j})^3 \tag{4-18}$$

$$\omega_j = (\omega_{0j}, \omega_{1j}, \cdots, \omega_{k-1,j}) \tag{4-19}$$

式中　ω_j——输电线路全息云场景数据分布的节点序列。

通过轮换调度计算输电线路全息云场景数据调度的自学习参数 $Density_i$，得到自适应学习过程描述 α_{desira}^i 为

$$\alpha_{desira}^i = (d_j \cdot \alpha_2)^2 + \omega_j \cdot Density_i \tag{4-20}$$

通过数据分组检测方法进行输电线路全息云场景数据的信息交叉融合，得到最近簇头中的全息数据调度模型 $(A \times p)_i$ 为

$$(A \times p)_i = \alpha_{desira}^i \cdot \max_i(AP_i) - \min_i(AP_i) + \log_2 \left[\frac{\max\limits_i(AP_i)}{\min\limits_i(AP_i)} \right] \tag{4-21}$$

式中　$\max\limits_i(AP_i)$——输电线路全息云场景数据第 i 个簇头的最大权值；

$\min\limits_i(AP_i)$——输电线路全息云场景数据第 i 个簇头的最小权值。

通过回归分析，得到网络输电线路全息云场景数据节点定位的学习函数 $x_{id}(M)$ 为

$$x_{id}(M) = |(u,v)|_2^2 + M_1^N! - \frac{t_0 + t_g}{(A \times p)_i} \tag{4-22}$$

式中　$M_1，M_2，\cdots，M_N$——输电线路全息云场景数据传输节点的分布维数；

$(u，v)$——输电线路全息云场景数据的统计量化集，$(u,v) \in E$；

$t_0、t_g$——输电线路全息云场景数据的初始采样时间间隔和平均分布时间间隔。

由此得到云场景中输电线路全息数据优化的回归分析模型 K_{wpg} 为

$$K_{wpg} = \frac{(\alpha_1 - \alpha_2)^2 + (\beta_1 - \beta_2)^2}{\sum\limits_{M=1}^{\infty} x_{id}(M) \cdot \sqrt[3]{r_u}} \tag{4-23}$$

式中　r_u——全息云场景数据的关联尺度，$0 < r_u < r$；

$\alpha_1、\alpha_2、\beta_1、\beta_2$——不同的全息云场景数据的离散信息分量。

通过标签识别方法，获取得到输电线路全息云场景数据平台构建优化模型 S_i 为

$$S_i = \int_{i=1}^K p(\omega_i) \mathrm{d}\omega_i + \frac{K_{wpg}}{u_i \cdot x(\eta)} \tag{4-24}$$

式中　$p(\omega_i)$——输电线路全息云场景数据的分簇规则向量集；

u_i——输电线路全息云场景数据调度时间延迟；

$x(\eta)$——输电线路全息云场景数据的偏差函数。

第四节　多源异构数据融合应用

一、系统数据分类

智能设计过程中所产生的或需要的数据包括项目数据和业务数据两种，来自不同时期、不同系统或不同部门的数据既包含结构化数据（如部门提供数据和 XML、JSON 等格式数据），也包含非结构化数据（如遥感图像、研究方案、图纸等），以及来自网络的半结构化数据（如网站所提供的政策法规等）。在研究多源多数据模型前，先按照各数据性质、存储方式以及读写方式等属性对数据进行分类，以便之后进行模型内数据关系研究以及数据统一化处理操作。输电线路智能设计系统数据分类见表 4 - 3。

表中涉及的数据可分为结构化数据、半结构化数据、非结构化数据三类。

（1）结构化数据。此类数据是由电力行业配合提供的，带有电力领域专业性质内部工作流程相关的数据，如工程建设中的规章制度、现有工程师名录等，一般有统一的文件记录和相似的、有规律的记录方式，并说明文件用途。

表 4 - 3　　　　　　　　　输电线路智能设计系统数据分类

类　　别	数　　据	来　　源
结构化数据	专家信息	部门提供数据
	办事流程数据	由系统提供接口生成的 ISON 数据
	用户信息	系统录入
半结构化数据	建设项目案例信息	纸质版文件信息和合同、招标等系统生成数据
	法规信息	纸质版文件和网络数据
	许可申请表格	PDF 扫描件
	签证、设计变更单等签字盖章文件	纸质版文件和 PDF 扫描件
非结构化数据	带地标的图像视频	人工获取
	VR 基础图像	人工获取
	基础地理信息图	GIS 数据
	线路塔基分布图、植被房屋田地分布图、行政区界、水路图、地下管线图	GIS 数据、卫星遥感图片、1∶500 倾斜摄影测量（三维模型）、高程控制、三维激光扫描、数字线划图（DLG）、数字正射影像（DOM）、实地勘测
	规划控制数据	成果收集

（2）半结构化数据。此类数据是在输电线路建设过程中产生的建设类文件，包括随时可能产生的签证类文件等。此类数据具有随机性，需要先进行识别和处理才能和结构化数据一样统一处理。

（3）非结构化数据。此类数据包括音视频文件和空间数据两类。音视频文件与其他数据的关联完全依赖于其自身携带的地理信息，对于音视频的处理需要将音视频本身和其地理信息数据展开保存。而空间数据是输电线路设计中的基础数据，此类数据获取方式对测绘专业要求高，获取方式多样且在进入多源异构数据融合前需要进行专业的技术处理和图层融合。

多源异构数据融合的处理方式共分为四个步骤，主要为数据获取、数据整合、关联关系建立、入库及调用。输电线路设计的数据类型在模型预处理阶段，需要完成获取数据并对各类数据内部初步整合的处理。

二、数据的预处理

在多源异构数据统一融合模型中，为了充分融合异构数据的特征，在对多源数据整合之前需要先对不同的数据进行预处理。

结构化数据与半结构化数据预处理模型如图4-3所示，将不同来源的数据通过相应的处理工具转换为统一的电子数据格式，依据原始数据类型采用不同的数据存储结构将其分别以数据库模式和不同格式的文件模式存储于服务器中。

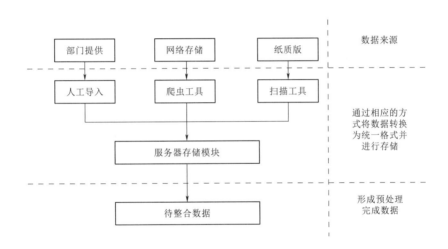

图4-3　结构化数据与半结构化数据预处理模型

非结构化数据预处理模型如图4-4所示，非结构化数据中的地理信息数据可借助地理数据模型表达。图片、视频以及VR数据为其加入相应字段标签，如拍摄地点、上传时间、上传属性、拍摄目的、标注等。即将前述获取的原始电子数据依据原始数据类型采用不同的数据存储结构将其分别以数据库模式和不同格式的文件模式存储于服务器当中。

在多源异构数据统一融合模型的数据预处理中，主要难点在于需要对非电子化或者结构化程度较为驳杂的数据进行处理，预处理难点类型数据处理方式见表4-4。需将所有获取的数据进行电子化处理并对其结构化程度进行初步统一，以方便多源异构数据整合框架的直接数据提供。所处理的主要数据包括电网建设部分提供的直接数据、存储于网络上的间接数据以及以纸质版文件形式存在的第三方数据等类型数据。

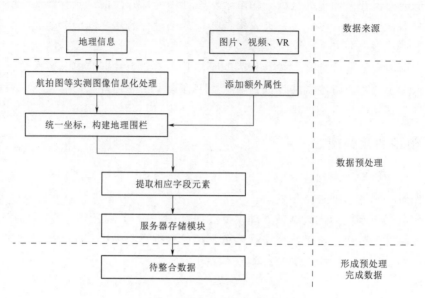

图 4 - 4　非结构化数据预处理模型

表 4 - 4　　　　　　　　　　　　预处理难点类型数据处理方式

数　据	处　理　方　式
存储于网络上的间接非图片数据	通过所定制的第三方爬虫工具获取并将其保存为 JSON 格式的数据文件
存储于网络上的间接图片数据	通过所定制的第三方爬虫工具获取并将其保存为以代表像素的数据矩阵图，且固定为 512×512 像素尺寸的数据形式
纸质版文件中的非图片数据	通过定制的第三方扫描工具将其扫描并保存为以文件标题为主块、以文件中章节标题为区块、以章节内容为域块的主、区、域的三级 XML 格式的文件
纸质版文件中的间接图片数据	通过定制的第三方扫描工具将其扫描成以代表像素的数据矩阵图，且固定为 512×512 像素尺寸的数据形式保存

三、多元数据融合

1. 数据关联方案结构概述

服务器中所存储的数据主要包含结构化数据、半结构化数据和非结构化数据三大类型数据，经过多源异构数据、融合统一模型预处理模块处理后的直接相关数据，以区块的形式存储于结构化域、半结构化和非结构化域三个存储区域。其中：结构化域中保存着存储于库中的与原字段统一的直接数据，以行优先方式存储于相关库中的半结构化数据中的代表图片的数值矩阵图，以及用来映射对象关系的相关库；半结构化域中保存着从纸质版文件和网络中所提取到 JSON 文件和三级 XML 文件，同时与结构化域相关库中源头一致的数据相互关联，以保证数据的完整性和正确性；非结构化域中保存着音视频文件和地理信息，并以结构化域中的对象映射库为中间件对两者进行 1 对 N 的直接映射。存储模式组成结构如图 4 - 5 所示。

多源异构数据统一融合模型中在对相关数据进行采集和预处理之后，便需要对相关数据进一步处理以完成深度层次上的数据整合。多源异构数据统一融合模型流程如图 4 - 6 所示。

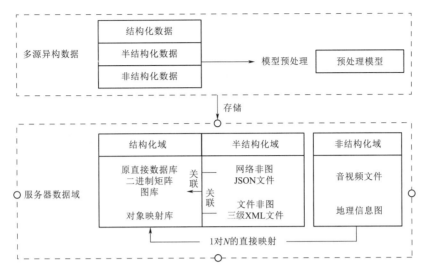

图 4-5　存储模式组成结构图

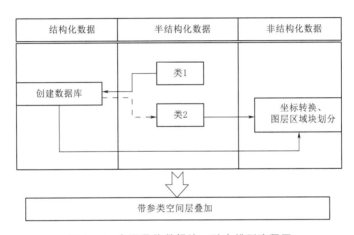

图 4-6　多源异构数据统一融合模型流程图

该方案首先会从服务器中将已经预处理好的结构化、半结构化和非结构化数据分别读取并解析出来。对于结构化数据而言可按照其数据类型创建数据库并将其直接入库。对于半结构化数据而言，则首先会将其按照数据类别分为两类，其中：类 1 为结构化部分；类 2 为非结构化部分。对于类 1，创建相关库将其直接入库而后则采取全连接的映射机制将类 1 和类 2 数据之间相互映射。对于类 2 的非结构化音视频数据，采用底层图与其音视频数据单连接的映射机制，将相关音视频数据作为底层地理分布图的一对多直连映射并作为附属参数嵌入其中；对于类 2 的非结构化地理分布图类结构数据，首先对各类图进行坐标的转换及图层的分割，其次对单图层基于人工神经网络的区域分割算法对其进行区域块的划分，最后将结构化数据和半结构化数据作为融入参数与多个单图层，一起使用类空间图层叠加方式形成最后的融合多源异构数据的叠加式空间模型。

2. 融合数据库实现方案

在输电线路设计过程中，其数据随着时间的推移，体量会不断地增长。大量新型、异构、多源的空间大数据不断产生和存储，输电线路建设对空间数据应用的需求不断提升，数据和需求端均对传统的地理信息带来了巨大挑战。无论是经典的关系型数据库还是传统地理信息的空间数据库都已经无法满足输电线路建设数据融合应用的存储和应用需求。因而，关系型数据库和非关系型数据库相结合的混合数据库存储成为必然的数据库实现方案选择方向。

系统设计了一种关系型与非关系型耦合的数据库。输电线路建设带有强烈的地理信息属性，需要一款地理信息数据库作为智能化地图的数据基础，PostgreSQL 是开源空间数据库，构建在其上的空间对象扩展模块 PostGIS 使其成为一个真正的大型空间数据库。SuperMap 中的 SDX＋for PostGIS 引擎，可以直接访问 PostgreSQL 空间数据库，充分利用空间信息服务数据库的能力，如空间对象、空间索引、空间操作函数和空间操作符等，实现高效地管理和访问空间数据，因此选择被 SuperMap 支持的 PostgreSQL 关系型数据为系统基础。同时整合主流的 MongoDB 和 Redis 非关系型数据库，利用 MongoDB 和 Redis 对半结构化数据、非结构化数据的表示和检索能力，组成输电线路建设时空大数据地图的数据库支撑结构，数据库结构如图 4-7 所示。其在速度上与传统数据库相比有大幅提升，更能适应大地图读写访问与计算要求，同时又保证了数据的一致性，供使用者做决策参考的信息量也得以增加。

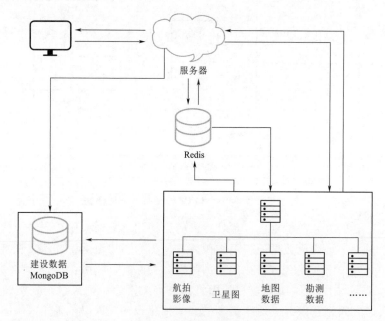

图 4-7 数据库结构图

通过上述数据库结构，为结构化和半结构化类的数据增加地理属性，当应用于某项工程中时，以地理信息为线索检索特定区域范围内的数据信息，通过对检索信息的挖掘分析得到目标效果。传统的关系型数据库系统，当遭遇大量的查询操作时，会因繁复的 I_0 操作而花费大量时间，本系统中将最常访问，且无复杂计算需求的结构化数据和半结构化数据（热数据），如办事流程等，通过非关系型数据库存放，在后台查询时便可有效避免直接从关系型数据库进行查询，当热数据发生改变时，则重新加载。利用 MongoDB 的文档处理优势，保证法律法规、VR 图像、实地视频等文档类数据的存储和查看。非结构化数据中的空间数据，如勘测数据和建设数据的读写则通过直接操作关系型数据库进行，由于其 I_O 操作频率不高，在首次加载工程时将该类数据读出存放在缓存中，以供基础信息标定，通过对数据进行几何匹配及属性匹配，寻找与检索目标有地理关系的结构化和半结构化数据。

输电线路智能路径规划设计 第五章

电网工程项目输电线路路径选择是线路全过程设计的重要内容之一，路径选择点多面广，涉及国家、集体、个人等各方面利益，同时也是线路设计可行性研究、初步设计、施工图设计阶段关键环节之一。

输电线路路径选择的传统方法是：首先在纸质或扫描地形图上进行路径方案初步确定，然后进行现场踏勘测量，发现问题再对路径初选方案进行修改。这种工作方式存在时间长、效率低、不精准等缺点，具体为：敏感数据的获取、管理、保密等工作耗时费力；地形图的精度低，导致现场勘测的次数增加；传统地形图直观性差，不利于线路路径方案的合理性判断；已完成工程资料数据电子化转换困难，数据复用性差。

因此，本书提出融合海拉瓦技术、GIS技术和人工智能等先进技术的智能路径选择方法。智能路径选择的优点主要体现在三个方面：其一，智能路径选择由计算机完全替代人工，可以根据相应的约束条件及多种高级综合算法进行自动寻优，选择最优线路路径，使设计效率大为提高；其二，智能路径选择可针对不同地域的地形特点和地形细节，结合丰富的经验自动做出最佳的选择，提高输电线路路径选择的技术水准、成果质量和方案的可实施性；其三，智能路径选择能有效利用海拉瓦和航空影像等先进测绘技术所获取的高质量数据，提高设计准确性。

为了突破输电线路路径选择及优化的难点，需要用地理信息数据构建三维场景。同时，应充分考虑地形图数据在输电线路路径选择工作中的意义和作用，通过融合多种数据源以确保三维场景的真实性和准确性。构建适用于输电线路路径选择的三维化仿真场景，应将各种比例尺的地形图数据与地理信息基础数据相结合，并支持多种数据源的数据格式，包括测量数据、卫星图片、航拍图片、激光雷达点云数据等。基于输电智能设计的输电线路路径选择过程中采用先进的大数据技术实现智能化数据融合，为后续构建适用于输电线路路径选择的三维化仿真场景提供真实准确的数据。

在输电线路路径方案的选择中，需要综合考虑拆迁量、砍伐量和施工运输等各种影响工程造价和线路路径质量的因素。因此，输电线路路径选择平台应能够支持矢量地理信息图层数据的叠加，并能够结合影像、地形图、专题图以优化线路走廊。为了最大程度地优化线路走廊，往往需要进行杆塔预排位和计算预排位方案的工程造价，为线路路径方案优化提供依据。应用大数据技术与人工智能技术，在杆塔预排位、计算预排位方案工程造价、计算综合考虑各种影响因素后的工程造价等过程中，可实现平台自主智能计算输出工程造价等相关计算量结果，能够实现快速高效且优质地获得线路路径优化方案的依据，为后续获取线路最优路径创造有利的基础条件。

在最优路径算法方面，首先要建立适合于输电线路的路径选择算法，采用逐次逼近法，空间投资价值最优原则，分别按照粗选、细选、精选三步骤，逐次推进可研、初设、施设各个阶段的路径选取。粗选路径需要考虑的关键指标策略是线路长度、转角度数、地形坡度、曲折系数、避让红区、居民区、经济林等；细选路径需要增加考虑的关键指标策略有污秽区、冰区、风区、采空区、三跨、跨河流、农田、道路、临近线路、边坡、转角个数等；精选路径需要再增加考虑的关键指标策略是塔位、低地、交通、塔基断面、地块颗粒度等。

通过采用大数据技术与人工智能等先进技术对现有地理数据进行收集和处理，建立一个统一高效的仿真地理环境，在此环境中实现自主智慧路径规划、数据管理、资料提取等工作，其中数据由统一服务器进行管理。基于地理信息系统的数字化、智能化线路路径选择及优化方案，能便捷高效地改进线路路径设计质量，提高输电线路规划设计的智能化水平，减少工程费用。

此外，还需进行路径辅助设计及优化，通过采用人工智能等先进技术突破快速材料统计及造价分析、智能交互路径选择等相关技术难点，也可通过人工干预与计算机设计相结合进一步提高路径设计质量。

第一节　路径规划设计因素

一、路径规划设计基本要求

输电线路路径规划设计建设是指在起始电站与终端电站之间的区域内规划设计建设技术上安全、可靠，经济上相对合理的输电线路走廊。依据中国电力企业联合会主编的《110kV～750kV架空输电线路设计规范》（GB 50545—2010），采用遥感技术、GIS技术等先进方法，综合考虑线路走廊建设方式、线路长度、导线类型、跨越区、环境敏感点、容量设计、杆塔设计等因素，对不同的规划方案和技术进行比较，严格遵守国家相关法律法规、设计规范，力求规划路径走廊安全、可靠、环境协调统一、经济合理。按照各规程标准的要求，输电路径选择的总体标准如下：

（1）输电线路的规划应符合电力设施规划和城市总体发展规划，结合地区特点和实际，制定有针对性的区域发展政策，保证区域开发的科学性、合理性和有序性。

（2）在线路建设过程中尽量利用现有输电走廊通道，减少走廊保护区域面积，合理妥善使用新技术、新方法、新材料。

（3）在规划设计路径方案中优先选择长度短、不良地质条件少、水文、气象条件较好的方案，方案应尽量避免在影响输电线路安全运行的区域经过。

（4）线路走向在大范围内尽量选择曲折较少的区域，当待选区域无法满足条件时，要最大限度地减少线路转角次数和转角角度。

（5）线路的规划设计应避开自然保护区、水源区、居民区、重要交通枢纽带等，如果实在无法避免时或者改道对线路的施工造成重大影响时，应选择影响最小处通过，以减少不必要的损失。

另外，输电线路工程在建设时须按照相关文件的规定，避让环境敏感区，对于不能避开的风景名胜区、自然保护区、森林公园等，应避开其主要景点，同时采取相应措施使输电线路各项环境质量指标达到国家现行标准要求，例如采取提高线路高度等多种工程方式，降低对敏感区的负面影响。电网线路建设对环境敏感区的主要影响见表 5-1。

表 5-1   电网线路建设对环境敏感区的主要影响

敏感区保护目标	保护对象	电 网 建 设 的 典 型 影 响
土地	耕地资源	输电线路及附属设施对土地的占用，临时施工场地对土地生产力的破坏
	表层土	施工期机械、设备碾压，造成表层土板结；开挖面防护不及时或措施不当造成土壤流失
	土壤环境	施工、生活垃圾的污染
植物	生态系统	林地、草地占用造成局部地区生物量的减少和生态系统稳定性降低，破坏生态系统的完整性
	植物群落	局部破坏斑块面积，生存能力下降
	野生珍稀植物	机械损伤和生存条件的破坏
野生动物	栖息地	降低种群生存能力，施工期间人为捕猎和机械损害
	水生生态	施工泥浆污水、含油污水
	稀有、濒危物种	线路穿越和施工干扰对生态环境的破坏
水资源	地表水	施工污水，水土流失
	地下水	基本无影响
	视觉连续性	线路穿越，破坏视觉的连续性
自然景观	风景名胜区	线路切割、施工干扰，降低自然景观和名胜古迹的美学价值、科学价值和艺术价值
	地质遗迹	
文物古迹	文物古迹	

二、路径规划设计影响因素

输电线路路径规划设计的实际影响因素繁多，一些影响因子对架线施工过程实际产生的花销直接产生影响，一些影响因子对将来安全运行维护成本构成影响，一些影响因子对自然环境、人文环境造成影响，一些影响因子对线路未来的可持续发展能力带来一定程度影响。

对输电线路路径规划设计过程产生影响的主要有自然环境因素、社会因素、工程建设因素和运行因素。

1. 自然环境因素

对于自然环境因素而言，伴随着社会的持续发展与国家政策的逐步落实，百姓对环境保护的需求愈加迫切，自然环境因素成为输电线路建设需要考量的一大关键环节。

（1）电磁环境影响。输电线路的建设，一定程度上满足了城市的电能需求，但是输电线路电磁环境引发的问题也越来越突出。输电线路电磁污染对通信线路的干扰、对无线电电视的干扰以及对人体和动物的生态影响受到了越来越广泛的关注。

（2）水保环境影响。输电线路的大规模建设对沿途环境会产生影响，由于基础开挖会造成土地松动，破坏周围植被，容易引起水土流失。因此在路径规划设计过程中要始终贯彻环境保护和以人为本的原则，综合考虑路径走向与植被保护，力争减少对周边植被的破坏。

（3）居住环境影响。在输电线路设计时，电力部门应严格执行国家经贸委发布的《110～500kV架空送电线路设计技术规程》（DL/T 5092—1999）等规范，确保输电线路跨越或邻近民房时，线路与建筑物的距离既符合安全要求，又满足环保有关标准，减少对居民居住环境的影响。

2. 社会因素

就社会因素而言，需综合考虑当地的政策与风土人情，来判断各种线路方案给当地带来的影响。

（1）占用地情况。输电线路走廊涉及土地、房屋、林木的征用，在输电线路工程施工阶段，占用土地补偿问题一直困扰着电力部门，若输电线路工程存在线路占地的纠纷，会影响施工进度，造成经济损失。

（2）土地协调难度。输电线路在前期设计测量、确定路径时需要充分考虑土地协调难度，避免因土地协调问题，导致线路路径重新设计修改，给电力施工造成阻碍。

（3）对城乡规划的影响。随着城市建设规模不断扩大，电网加快发展与土地资源紧张的矛盾日趋加剧，因此输电线路的规划，应避免与土地资源的开发利用发生冲突，避免输电线路大拆大建，重复投资。输电线路的建设应与城乡规划相适应、相协调，输电线路的规划必须符合城市的总体规划。

3. 工程建设因素

对于工程建设因素来说，各种线路方案对工程施工过程会产生不同程度的影响，进而会影响建设的施工成本与投资成本。

（1）线路长度。输电线路长度是电力远程输送的线路长度，设计长度为杆塔之间水平地理距离之和。在选址合理的前提下，输电线路力求最短、最合理。这样可以保证在运行过程中，电能损耗最小、事故出现几率最小、架设费用最低。

（2）交通运输状况。在选择施工线路时，应充分考虑附近交通条件，输电线路施工是否便利，尽量减少由于交通等客观因素对输电线路施工运输造成的影响，有利于提高施工效率，减少架线施工过程实际产生的成本。

（3）污秽等级。污秽等级是表征变电站、架空线路环境的污秽程度。在规划设计时，应该尽量远离各种污源，特别是化工厂、化肥厂和冶金厂等。为了保证线路运行的安全，防止绝缘子串污闪，对处于不同污秽等级地区的线路，采用不同绝缘子。

（4）气象条件。架空线路会穿越不同的气候区和地理环境，线路的覆冰和大风的随机性很大，一旦线路中断，或杆塔倒塌，供电或通信停止，对国民经济会造成巨大损失。输电线路规划要充分考虑气候因素，避免事故的发生。

（5）地形地质情况。输电工程中的土石方工程、基础工程、杆塔工程等都与工程地形地质有关，在力学特性较好的岩层上建造输电线路，能保证输电线路的安全稳定。在地形环境复杂、地质结构不稳的地段上建造输电线路，不仅造价成本高，还存在潜在风险，安全性低，因此应避免输电线路通过不良地质构造地带。

（6）交叉跨越情况。输电线路建设在满足技术要求的同时，其交叉跨越必须符合《110kV～750kV架空输电线路设计规范》（GB 50545—2010）、《66kV及以下架空电力线路设计规范》（GB 50061—2010）等规范。尽量减少同道路、河流、铁路等的交叉，尽量避免跨越建筑物。

4. 运行因素

运行因素则是在输电线路工程建设完成后在实际运行过程中与安全稳定相关的影响因素。

（1）运行可靠性。由于架空线路在露天环境中，是电力系统中运行环境最恶劣的电力设备，因此输电线路运行的可靠性直接影响整个电力系统供电的可靠性。架空输电线路在保证供电安全可靠的同时，还要确保供电质量。

（2）运维费用。运行维护费是维持输电线路设备正常运行的费用，主要包括材料、修理、人工及其他费用。要充分考虑电网运维支出，有效确保成本费用指标的可控在控。

（3）运维难度。由于架空供电线路暴露在野外，受外界环境的影响很大，在长期运行中发生故障的可能性很大。对架空输电线路进行科学的运行和维护，直接影响着电力输出的安全性和稳定性，运维便利有利于减少管理人员工作量，有利于及时对架空输电线路故障进行排查和维修。

输电线路规划影响因素的具体划分如图5-1所示。

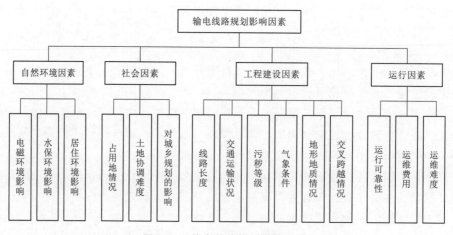

图 5-1 输电线路规划影响因素

第二节 智能路径规划设计

一、智能选线

1. 智能选线功能设计要点

首先在系统中确定工程的起止桩点，连接线路的起止点作为当前路径；其次系统根据路径的避让区域及区域的避让距离，计算从起点到终点，且不穿过多边形的最短路径；最后将线路路径结果数据按线路前进方向渲染加载到系统。红色线路为自动选择的线路，绿色线路为已有的参照工程线路。智能选线图如图5-2所示。

图5-2 智能选线图

2. 栅格选线功能设计要点

首先在系统中确定工程的起止桩点，连接线路的起止点作为当前路径；其次系统选定一个包含起止桩点的区域范围，在此范围内自动将此地块划分成栅格网状，支持手工设置网格大小；再次针对可穿越区按重冰区或强舞动区到普通区域细分级别，系统对地势情况进行打分；最后得到线路路径最优方案，系统将线路路径结果数据按线路前进方向加载并渲染。栅格选线图如图5-3所示。

二、线路路径方案快速对比

1. 实现线路路径多方案快速比选

线路路径方案设计过程中往往需要选择多个路径方案进行比较，最终确定最优方案。利用规则算法自动提取不同路径设计方案的线路总长度、曲折系数、地形比例等与路径方案比较相关的参数。通过设定比较规则，将不同的路径参数设置不同的权重，软件系统可以自动从一组路径方案中选取最优方案。

2. 提供人工路径调整

线路路径调整功能，包括桩位的增加、删除、修改等操作。充分考虑设计人员的使用习惯，提供便捷的功能操作。

图 5-3　栅格选线图

三、线路智能优化排位

通过细选策略得到多种线路路径方案，在此基础上系统对每条线路自动进行杆塔定位设计。根据转角个数、线路总长、曲折系数、悬垂塔型号、耐张塔型号、绝缘子串型号、导线型号、地线型号以及各数量等因素，系统后台自动对每条线路进行杆塔定位设计，根据路径比较结果得到接近最优设计方案的排位结果。

在杆塔的自动优化排位过程中，综合运用了动态规划的两种优化方法，即严密法和快速法。严密法是将每一个塔位点依次与多个塔型配对作为目标点，指定必须经由的倒数第二点，校验各项技术要求，最后选用通过校验且费用最低的塔型作为最佳排位结果，如此每个目标点前一点都已完成排位，直到终点的杆塔排位结束。快速法是为提高严密法的效率及减少内存提出的方法，其基本思想是对每个塔位点与多个塔型的配对只用最佳费用作为筛选条件，而不用指定必须经过某点，从而可以加快速度，大大减少存储量。智能优化排位图如图 5-4 所示。

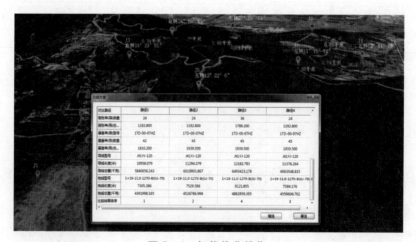

图 5-4　智能优化排位

第三节　智能路径规划设计算法

路径规划设计算法应用于输电线路路径规划设计产品，提供多路径方案的自动规划计算。能够根据基础地理信息数据按照输电线路工程路径设计原则和指标自动规划多条合理路径，并针对多个路径方案进行最优比较形成最终结果。

输电线路路径规划设计依赖于地理信息数据的线性路径规划，其最终的规划结果都是考虑路径本体、建设成本、管理成本等综合因素所产生的。在路径规划方面可以采用基于决策树的多路径方案比选方法以及基于人工智能的综合地块价值分析方法进行路径的规划设计。在输电线路的路径规划设计方面已经有完整的路径规划设计功能，包括了自动规划和人工调整的各类方法。路径自动规划设计的计算方法都是基于决策指标的，在线路工程的路径规划设计时只需要补充和替换线路工程所需的决策指标即可将同样的算法应用于线路路径的规划设计。

为了实现对线路的智能规划设计，需要进行线路路径规划设计，为此开展研究粒子群算法、人工智能：自动寻路算法、遗传算法、人工神经网络算法、智能选线算法、栅格选线算法、区域价值分析法等。

一、粒子群算法

粒子群优化算法（Particle Swarm Optimization，PSO）又翻译为粒子群算法、微粒群算法、或微粒群优化算法。是通过模拟鸟群觅食行为而发展起来的一种基于群体协作的随机搜索算法。通常认为它是群集智能（Swarm Intelligence，SI）的一种。它可以被纳入多主体优化系统（Multiagent Optimization System，MAOS）。

PSO模拟鸟群的捕食行为。一群鸟在随机搜索食物，在这个区域里只有一块食物。所有的鸟都不知道食物在那里。但是他们知道当前的位置离食物还有多远。PSO从这种模型中得到启示并用于解决优化问题。PSO中，每个优化问题的解都是搜索空间中的一只鸟。我们称之为"粒子"。所有的粒子都有一个由被优化的函数决定的适应值（fitnessvalue），每个粒子还有一个速度决定他们飞翔的方向和距离。然后粒子们就追随当前的最优粒子在解空间中搜索。

PSO初始化为一群随机粒子（随机解），然后通过迭代找到最优解，在每一次迭代中，粒子通过跟踪两个"极值"来更新自己。一个就是粒子本身所找到的最优解，这个解叫做个体极值 $pBest$，另一个极值是整个种群找到的最优解，这个极值是全局极值 $gBest$。另外也可以不用整个种群而只是用其中一部分最优粒子的邻居，那么在所有邻居中的极值就是局部极值。

在找到这两个最优值时，粒子根据如下的公式来更新自己的速度和新的位置

$$V_i = V_i + c_1 \times \mathrm{rand}() \times (pbest_i - x_i) + c_2 \times \mathrm{rand}() \times (gbest_i - x_i) \qquad (5-1)$$

$$x_i = x_i + v_i \qquad (5-2)$$

式中　v_i——粒子的速度；

x_i——当前粒子的位置；

rand（）——介于（0，1）之间的随机数；

c_1、c_2——学习因子，通常 $c_1=c_2=2$。

这里用一个简单的例子说明 PSO 训练神经网络的过程。这个例子使用分类问题的基准函数（Benchmark function）IRIS 数据集。（Iris 是一种莺尾属植物）在数据记录中，每组数据包含 Iris 花的四种属性：萼片长度，萼片宽度，花瓣长度和花瓣宽度，3 种不同的花各有 50 组数据，这样总共有 150 组数据或模式。因此可以采用 3 层的神经网络来做分类，即神经网络的输入层有 4 个节点，输出层有 3 个节点；也可以动态调节隐含层节点的数目，假定隐含层有 6 个节点；还可以训练神经网络中其他的参数，不过只是来确定网络权重。粒子就表示神经网络的一组权重，应该是 $4×6+6×3=42$ 个参数。权重的范围设定为 ［-100，100］（这只是一个例子，在实际情况中可能需要试验调整）。在完成编码以后，需要确定适应函数。对于分类问题，需把所有的数据送入神经网络，网络的权重由粒子的参数决定，然后记录所有的错误分类的数目作为那个粒子的适应值。利用 PSO 来训练神经网络来获得尽可能低的错误分类数目，PSO 本身并没有很多的参数需要调整，所以在实验中只需要调整隐含层的节点数目和权重的范围以取得较好的分类效果。

二、人工智能：自动寻路算法

据 Drew 程序所知最短路径算法现在重要的应用有计算机网络路由算法、机器人探路、交通路线导航、人工智能、游戏设计等。美国火星探测器核心的寻路算法就是采用的 D＊（D-Star）算法。最短路径计算分静态最短路径计算和动态最短路径计算。静态路径最短路径算法是外界环境不变，计算最短路径。主要有 Dijkstra 算法、A＊（A-Star）算法。动态路径最短路径是外界环境不断发生变化，即不能计算预测的情况下计算最短路径。如在游戏中敌人或障碍物不断移动的情况下，典型的有 D＊算法。随机路网 3 条互不相交最短路径演示如图 5-5 所示。

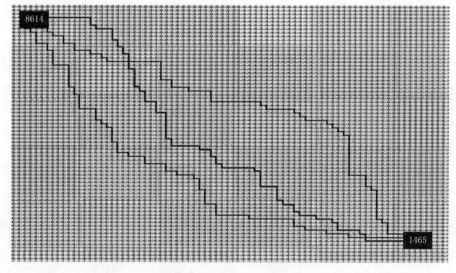

图 5-5　随机路网 3 条互不相交最短路径演示图

1. Dijkstra 算法求最短路径

Dijkstra 算法是典型最短路径算法，用于计算一个节点到其他所有节点的最短路径。主要特点是以起始点为中心向外层层扩展，直到扩展到终点为止。Dijkstra 算法能得出最短路径的最优解，但由于它遍历计算的节点很多，所以效率低。Dijkstra 算法是很有代表性的最短路径算法，如数据结构、图论、运筹学等。Dijkstra 一般的表述通常有两种方式，一种用永久和临时标号方式；一种用 OPEN，CLOSE 表方式。

Dijkstra 算法的基本运算步骤为：

（1）创建 OPEN、CLOSE 两个表，OPEN 表保存所有已生成而未考察的节点，CLOSED 表中记录已访问过的节点。

（2）访问路网中离起始点最近且没有被检查过的点，把这个点放入 OPEN 组中等待检查。

（3）从 OPEN 表中找出距起始点最近的点，找出这个点的所有子节点，把这个点放到 CLOSE 表中。

（4）遍历考察这个点的子节点，求出这些子节点距起始点的距离值，放子节点到 OPEN 表中。

（5）重复步骤（3）、步骤（4），直到 OPEN 表为空，或找到目标点。

在 Drew 程序中 4000 个节点的随机路网上 Dijkstra 算法搜索最短路径的演示如图 5 - 6 所示，黑色圆圈表示经过遍历计算过的点，由图中可以看到 Dijkstra 算法从起始点开始向周围层层计算扩展，在计算大量节点后，到达目标点。

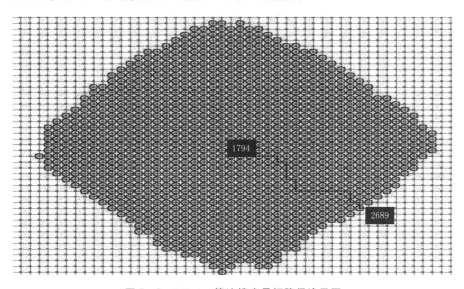

图 5 - 6　Dijkstra 算法搜索最短路径演示图

2. A * 算法

A*（A - Star）算法是一种启发式（Heuristic）算法，是静态路网中求解最短路径最有效的方法，公式为

$$f(n) = g(n) + h(n) \qquad (5-3)$$

式中　$f(n)$——节点 n 从初始点到目标点的估价函数；

　　　$g(n)$——在状态空间中从初始节点到 n 节点的实际代价；

　　　$h(n)$——从 n 到目标节点最佳路径的估计代价。

保证找到最短路径（最优解的）条件，关键在于估价函数 $h(n)$ 的选取，估价值小于等于 n 到目标节点的距离实际值，这种情况下，搜索的点数多，搜索范围大，效率低，但能得到最优解；如果估价值大于实际值，搜索的点数少，搜索范围小，效率高，但不能保证得到最优解。估价值与实际值越接近，估价函数取得就越好。

A * 算法和 Dijkstra 算法使用同一个路网，相同的起点终点时，计算的点数从起始点逐渐向目标点方向扩展，计算的节点数量明显比 Dijkstra 少得多，效率很高，且能得到最优解。A * 算法和 Dijistra 算法的区别在于有无估价值，Dijistra 算法相当于 A * 算法中估价值为 0 的情况。A * 算法搜索最短路径演示如图 5-7 所示。

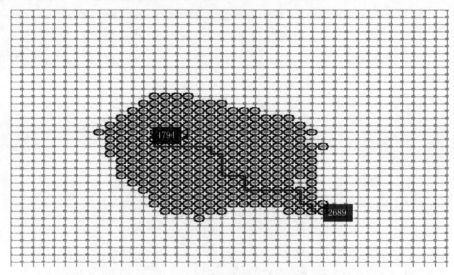

图 5-7　A * 算法搜索最短路径演示图

三、遗传算法

遗传算法是一类借鉴生物界的进化规律（适者生存，优胜劣汰遗传机制）演化而来的随机化搜索方法。其主要特点是直接对结构对象进行操作，不存在求导和函数连续性的限定，具有内在的隐并行性和更好的全局寻优能力，采用概率化的寻优方法，能自动获取和指导优化的搜索空间，自适应地调整搜索方向，不需要确定的规则。

遗传算法也是计算机科学人工智能领域中用于解决最优化的一种搜索启发式算法，是进化算法的一种。这种启发式通常用来生成有用的解决方案来优化和搜索问题。进化算法最初是借鉴了进化生物学中的一些现象而发展起来的，这些现象包括遗传、突变、自然选择以及杂交等。遗传算法在适应度函数选择不当的情况下有可能收敛于局部最优，而不能达到全局最优。

遗传算法的基本运算步骤为：

（1）初始化：设置进化代数计数器 $t=0$，设置最大进化代数 T，随机生成 M 个个体作为初始群体 $P(0)$；

（2）个体评价：计算群体 $P(t)$ 中各个个体的适应度；

（3）选择运算：将选择算子作用于群体。选择的目的是把优化的个体直接遗传到下一代或通过配对交叉产生新的个体再遗传到下一代。选择操作是建立在群体中个体的适应度评估基础上的；

（4）交叉运算：将交叉算子作用于群体。遗传算法中起核心作用的就是交叉算子；

（5）变异运算：将变异算子作用于群体。即是对群体中的个体串的某些基因座上的基因值作变动。群体 $P(t)$ 经过选择、交叉、变异运算之后得到下一代群体 $P(t+1)$；

（6）终止条件判断：若 $t=T$，则以进化过程中所得到的具有最大适应度个体作为最优解输出，终止计算。

四、人工神经网络算法

人工神经网络是由众多的神经元可调的连接权值连接而成，具有大规模并行处理、分布式信息存储、良好的自组织自学习能力等特点。人工神经网络的许多算法已在智能信息处理系统中获得广泛采用，尤为突出的是以下四种算法：自适应谐振理论（ART）网络、学习矢量量化（LVQ）网络、Kohonen 网络及 Hopfield 网络。

1. ART 网络

ART 网络具有不同的方案。一个 ART-1 网络含有 2 层，1 个输入层和 1 个输出层。这 2 层完全互连，该连接沿着正向（自底向上）和反馈（自顶向下）两个方向进行。

当 ART-1 网络在工作时，其训练是连续进行的，且包括下列算法步骤：

（1）对于所有输出神经元，如果一个输出神经元的全部警戒权值均置为 1，则称为独立神经元，因为它不被指定表示任何模式类型。

（2）给出一个新的输入模式 x。

（3）使所有的输出神经元能够参加激发竞争。

（4）从竞争神经元中找到获胜的输出神经元，即这个神经元的 $x \cdot W$（W 为权重值）值为最大；在开始训练时或不存在更好的输出神经元时，优胜神经元可能是个独立神经元。

（5）检查该输入模式 x 是否与获胜神经元的警戒矢量 V 足够相似。

（6）如果相似度值 r 不小于阈值 p 时，即存在谐振，否则，使获胜神经元暂时无力进一步竞争，并转向步骤（4），重复这一过程直至不存在更多的有能力的神经元为止。

ART 网络如图 5-8 所示。

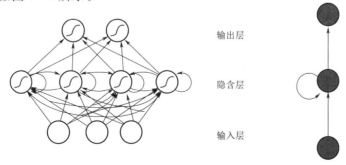

图 5-8 ART 网络

2. LVQ 网络

LVQ 网络由 3 层神经元组成，即输入层、隐含层和输出层。该网络在输入层与隐含层之间为完全连接，而在隐含层与输出层之间为部分连接，每个输出神经元与隐含神经元的不同组相连接。

最简单的 LVQ 训练步骤为：

(1) 预置参考矢量初始权值；

(2) 供给网络一个训练输入模式；

(3) 计算输入模式与每个参考矢量间的欧式距离；

(4) 更新最接近输入模式的参考矢量（即获胜隐含神经元的参考矢量）的权值，如果获胜隐含神经元以输入模式一样的类属于连接至输出神经元的缓冲器，那么参考矢量应更接近输入模式，否则，参考矢量就离开输入模式；

(5) 转至步骤 (2)，以某个新的训练输入模式重复本过程，直至全部训练模式被正确地分类或者满足某个终止准则为止。

LVQ 网络如图 5-9 所示。

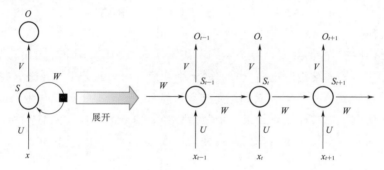

图 5-9 LVQ 网络

3. Kohonen 网络

Kohonen 网络或自组织特征映射网络含有两层，一个为输入层，用于接收输入模式；另一个为输出层，输出层的神经元一般按正则二维阵列排列，每个输出神经元连接至所有输入神经元。连接权值形成与已知输出神经元相连的参考矢量的分量。

训练一个 Kohonen 网络包含下列步骤：

(1) 对所有输出神经元的参考矢量预置小的随机初值。

(2) 供给网络一个训练输入模式。

(3) 确定获胜的输出神经元，即参考矢量最接近输入模式的神经元，参考矢量与输入矢量间的欧氏距离通常被用作距离测量。

(4) 更新获胜神经元的参考矢量及其近邻参考矢量，这些参考矢量（被引至）更接近输入矢量，对于获胜神经元的参考矢量，其调整是最大的，而对于离得更远的神经元，减少调整神经元邻域的大小随着训练的进行而相对减小，到训练结束，只有获胜神经元的参考矢量被调整。

Kohonen 网络如图 5-10 所示。

4. Hopfield 网络

Hopfield 网络是一种典型的递归网络，这种网络通常只接受二进制输入（0 或 1），以及双极输入（＋1 或 −1）。它含有一个单层神经元，每个神经元与所有其他神经元连接，形成递归结构。

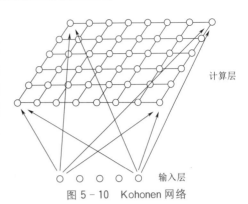

计算层

输入层

图 5－10　Kohonen 网络

五、智能选线算法

智能选线计算过程步骤如下：

（1）确定路径的起点和终点位置。

（2）确定路径的避让区域及区域的避让距离。

（3）将避让区域转换为多边形，避让距离大于 0 的避让区域，转换为考虑避让距离后的多边形。

（4）计算从起点到终点，且不穿过多边形（与多边形无交点或者交点不在多边形内）的最短路径。

（5）对最短路径点连线线路转角依次（从起点到终点）进行判断是否符合要求，调整不满足要求的路径点，得到优化后的路径，作为最优路径。

六、栅格选线算法

栅格选线计算过程步骤如下：

（1）将当前起止点坡度范围以 30°为临界点，在 30°以内（含 30°），按照坡度区间设定相应分数，在 30°以外设置为定值。栅格内各点坡度按照高程网格采用 9 点法计算坡度，栅格坡度则按照计算出的各点坡度取平均值。

（2）针对可穿越区按重冰区或强舞动区到普通区域细分级别，区域环境越恶劣，得分越低。

（3）交叉跨越区按地物种类计分，交叉跨越线越少得分越高。

（4）距离主干道的距离决定线路的交通便利性，距离越近，得分越高。

（5）计算出各项得分后，按照预先设置的各项权值，计算栅格最终得分 S 为

$$S = S_a \times (1 - P_O) + (S_i \times P_i / P_i) \times P_O \tag{5-4}$$

式中　S_a——地形得分；

　　　S_i——其他各项的得分；

　　　P_i——权值；

　　　P_O——总权值。

（6）从起点到终点按照栅格计算得分最高的路径作为最优的栅格路径。

（7）对上述计算出来的栅格路径，考虑线路转角，进行优化，得到最终的路径。

七、区域价值分析法

输电线路路径方案规划实际是对线路走廊范围的地块综合价值的分析和研判。将线路起止点之间的指定区域作为线路规划范围，通过综合线路路径规划的全要素对整个区域进

行综合地块价值分析。

　　根据线路路径规划的业务特点研究将大的空间区域进行网格化分割。确定按照什么原则将区域数据划分成合理的价值域单元将直接影响地块价值分析的结果。合理地进行价值域分割能够最大程度的挖掘多要素地理信息数据的应用价值。

　　完成指定区块的价值域划分后就需要针对输电线路走廊规划的业务要素进行价值域综合评分方法的研究。

　　通过上述两个步骤完成对线路路径规划范围的综合价值分析，总结可能影响区域价值的所有因素，每个因素所占权重可任意调整。为后续的路径智能优选提供数据和理论支撑。区域价值分析见表5-2。

表5-2　　　　　　　　　　　　　　区 域 价 值 表

序号	指标项	备　注
1	线路长度	同等条件下路径越短方案越优
2	转角度数	转角桩角度不超过90°
3	地形坡度	同等条件下单个耐张段坡度越小方案越优
4	曲折系数	同等长度路径下曲折系数越小方案越优
5	避让红区	线路不能经过避让红区，红区包括军事禁区、自然保护区、风景名胜区、重要厂矿等禁止线路通过区域
6	居民地	同等条件下经过居民地面积越小方案越优
7	经济林	同等条件下经过经济林面积越小方案越优
8	污秽区	同等条件下经过污秽区长度越小方案越优，尽量减少经过高等级污秽区
9	冰区	同等条件下经过冰区长度越小方案越优，尽量减少经过高等级冰区
10	风区	同等条件下经过风区长度越小方案越优，尽量减少经过高等级风区
11	采空区	同等条件下经过采空区长度越小方案越优，原则上尽量避免
12	三跨	尽量避开三跨
13	跨河流	线路跨河流时尽量选择较窄的河道进行跨越，原则上减少大跨越的出现
14	农田	减少跨越成片农田的长度
15	道路	在同等条件下线路尽量临近道路，便于施工和检修
16	临近线路	与临近线路保持合理的安全距离
17	边坡	线路边坡坡度尽量平稳，尽量减少悬崖等坡度过大情况
18	转角个数	同等条件下转角越少方案越优
19	塔位	按照尽量等分原则确定塔位，保证单个耐张段不超过规定距离
20	低地	塔位尽量避开两侧高耸的陡坡，避免积水
21	交通	塔位应在合理范围内尽量临近公路
22	塔基断面	判断塔位周边地形起伏，尽量避开塔基地形高差过大的地方
23	地块颗粒度	颗粒度越小，线路走向越精细，越符合预期

　　线路工程项目可行性研究阶段采用粗选序号为1～7的指标项，工程初步设计阶段采用细选序号为1～18的指标项，工程施工图阶段采用精选序号为1～23的指标，方能满足设计各阶段精度要求。

第六章

输电线路智能电气设计

输电线路设计模型，需要考虑多种气象条件下的模型形态及空间距离，在矢量模型建立时应结合大数据和人工智能等新技术，采用参数化方式进行建模，确保建模工作不增加设计人员工作负担，同时又能够针对模型进行各种电气计算，实现矢量模型的自主智能建立与矢量化电气量自主智能计算过程。

输电线路本体智能设计主要为智能电气设计和智能结构设计，输电线路智能电气设计是线路工程项目设计重要内容之一，按照不同电压的设计规范标准开展设计工作，主要包括智能导线选型、智能杆塔排位、智能绝缘设计。

第一节　智能导线选型

一、智能导线选型指标分类

输电线路架空线路工程投资一般占本体投资的 30％，再加上导线方案变化引起的杆塔和基础工程量的变化，其对整个工程的造价影响是极其巨大的，直接关系到整个线路工程的建设费用以及建成后的技术特性和运行成本。所以在整个输电线路的技术经济比较中，应该对各类指标进行充分的技术经济比较，推荐出满足技术要求且经济合理的导线方案。原则上，在导线选型的过程中，应综合考虑其电气特性、机械特性、经济特性，主要包括导线电流密度（导线截面和分裂方式）、导线允许温度、电场效应、无线电干扰水平、电晕可听噪声、电能损耗、年费用以及其他方面（如导线的机械强度传输效率、对杆塔重量及绝缘子金具的影响及制造、施工条件等）因素。根据各指标的直观性以及在导线选型过程中所处的环节将其大致分类为初选指标和决策指标，智能导线选型指标分类如图6-1所示。

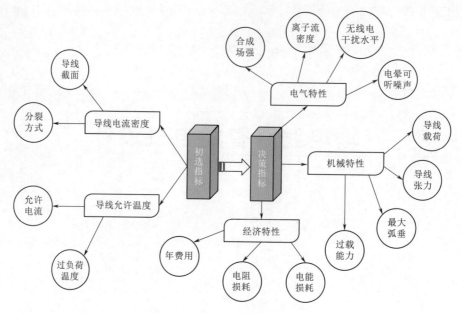

图 6-1　智能导线选型指标分类

二、智能导线选型依据

(一) 导线的初选

由于架空输电导线种类繁多，在导线选型的第一步，首先应结合较为直观的几个指标对导线进行初选，筛选出可以大体满足实际工程要求的导线种类进行后续的分析计算。

1. 导线电流密度

现采用科学性更强的全生命周期方法计算经济电流密度值，见表 6-1。

表 6-1　　　　　　　　全生命周期方法计算经济电流密度值

最大负荷利用小时数/h	3000	4000	5000	6000	6500
铝导线电流密度/(A/mm^2)	0.917	0.794	0.71	0.649	0.623

随着线路额定电压的提高，电晕损耗和限制无线电干扰、可听噪声的要求，对输电技术经济指标的影响越来越大。随着线路电压的提高，按经济电流密度所求得的相导线截面和在合理的相间距离下按电晕及无线电干扰、可听噪声条件所确定的截面，这两者之间会很不协调。对于特高压输电线路而言，关于经济电流密度的概念实际上已不采用，而相导线截面及其参数的选择，则要根据不同方案的技术经济比较来确定。因此认为，特高压直流线路工程导线的选择，不能简单地根据经济电流密度来确定，但其实际的经济电流密度应该在其附近，特别是考虑到线路长期运行的经济性。

2. 导线允许温度

导线允许温度是控制导线载流量的主要参考依据，导线在经过长期运行后会导致强度损失和连接金具的发热，这些因素决定着导线的允许最高温度。当工作温度越高，运行时间越长，则导线的强度损失越大。但根据国外一些研究数据，从导线耐热的角度考虑，钢芯铝绞线可采用150℃，主要应考虑导线接头的氧化和连接金具的发热情况。

在环境气温采用最热月平均最高温度、风速采用0.5m/s（大跨越采用0.6m/s）、太阳辐照度采用0.1W/cm² 的情况下，根据我国《±800kV 直流架空输电线路设计规范》（GB 50790—2013）规定，在验算导线允许载流量时，钢芯铝绞线和钢芯铝合金绞线的允许温度一般采用+70℃（大跨越不得超过+90℃），钢芯铝包钢绞线和铝包钢绞线的允许温度一般采用+80℃（大跨越不得超过+100℃），镀锌钢绞线可采用+125℃。

按照GB 50790—2013的规定，最大过负荷电流可取1.1倍的额定电流。当线路处在过负荷状态时，导线的温度必须要满足导线允许温度的要求。

3. 导线总截面积和分裂方式

一方面由于线路输送容量较大，若采用四分裂以下的方案，将造成子导线截面达到1000mm² 以上；另一方面，为了解决电晕问题，通常都采用增加导线分裂根数以及导线截面的方法。所以在特高压输电线路中全部选择四分裂至八分裂及其以上的导线。根据工程投标中系统提供的线路输送容量，计算出每相电流值并结合选取的电流密度的参考值，得到导线总截面，作为导线总截面选择的参考基数。

另外，导线分裂间距的选取要考虑分裂导线的次档距振荡和电气两个方面的特性。一般认为分裂导线间保持足够的距离就可以避免出现次档距振荡现象，根据国内外研究：当分裂间距与子导线直径之比值在>15～18 时，就可以避免出现次档距振荡；当分裂间距与子导线直径之比值小于10 时就可能产生严重的次档距振荡现象。

（二）导线的电气特性

在直流线路设计中，需要考虑的电场因素主要包括两部分，一部分是导线起晕场强和导线表面最大电场强度；另一部分是地面标称场强、合成场强和离子流密度。

1. 导线起晕电场强度

电晕是高压线附近产生的微弱的辉光，当导线表面的电场强度超过了空气电气击穿强度时所产生局部放电就形成了电晕。这种电气放电在空气中导致光、可听噪声、无线电干扰、导线舞动、臭氧的产生，还可以使空气电离，这些都会消耗系统的能量。因此，直流输电线路必须将电晕限制在一定的范围内。光滑导线的表面很少产生电晕。但导线表面通常是不规则的，上面附着着污秽物、昆虫、水滴等，这些足以将导线表面场强增加到足够大而引起局部导线附近空气击穿（空气临界击穿场强29.8kV/cm）。

由于导线表面的不规则和粗糙等因素，在比空气临界击穿强度低得多的情况下，导线表面即产生了电晕，这种现象通常用导线的表面粗糙系数 m 来表示，对于直流线路而言，一般 m 的取值在0.4～0.6 之间。

试验证明，导线的起始电晕电场强度与极性的关系较小，一般认为直流线路导线起晕场强和交流线路起晕场强的峰值相同，可以将皮克（Peek）公式转换为直流形式，即

$$E_0 = 30m\delta\left(1 + \frac{0.301}{\sqrt{\delta r}}\right) \tag{6-1}$$

式中　m——导线表面粗糙系数，目前晴天和雨天条件下的 m 分别为0.49 和0.38；

　　　δ——相对空气密度；

r——导线半径，cm。

在导线选型中，相对空气密度 δ 一般与海拔有关，根据大气压力和空气密度计算公式，得出相对大气压力相对空气密度与海拔的关系，见表 6-2。

表 6-2　　　　　　　　　　相对大气压力、相对空气密度与海拔关系

海拔/m	0	1000	2000	2500	3000	4000	5000
相对大气压	1.000	0.881	0.774	0.724	0.677	0.591	0.514
相对空气密度	1.000	0.903	0.813	0.770	0.730	0.653	0.583

2. 导线表面最大电场强度

导线表面电场强度由多种因素共同决定，包括运行电压、子导线直径、子导线分裂数、子导线分裂间距、极导线高度以及相间距离等。按经典公式计算，计算精度满足工程要求，即

$$G=\frac{1+(N-1)\cdot r/R}{Nr\cdot \ln\left[\dfrac{2H}{(NrR^{N-1})\cdot \sqrt{1+(2H/S)^2}}\right]} \tag{6-2}$$

$$g_{\max}=GU \tag{6-3}$$

式中　U——极导线对地电压，kV；

$\quad\quad N$——导线分裂数；

$\quad\quad S$——级间距离，cm；

$\quad\quad H$——极导线对地距离，cm；

$\quad\quad r$——子导线半径，cm；

$\quad\quad R$——子导线圆的半径，cm；

$\quad g_{\max}$——导线表面平均最大电场强度，kV/cm。

3. 地面标称场强与合成场强以及离子流密度计算

标称场强、合成场强和离子流密度关系到线路附近居民的人身安全问题。美国 Dalles 试验中心曾经做过相关人体试验，试验表明，人在 22kV/m（±400kV）电场下，头皮有轻微刺痛感觉；在 27kV/m（±500kV）电场下，头发有刺激感，耳朵和毛发有轻微感觉；人体在 32kV/m（±600kV）电场下，头皮有强烈的刺痛感觉。因此，将标称场强、合成场强和离子流密度限定在一定的范围内对环保具有重要的意义。

合成场强和离子流密度的计算采用以模拟试验结果为基础、具有一定可信度的 EPRI-EL-2257 法。

（1）标称场强为

$$E_e=K_e\cdot U=\frac{2H}{\ln\dfrac{4H}{D_{eq}}-\ln\dfrac{\sqrt{P^2+4H^2}}{P}}\left[\frac{1}{H^2+(X+P/2)^2}+\frac{1}{H^2+(X+P/2)^2}\right]\cdot U$$

$$\tag{6-4}$$

式中　E_e——地面标称场强，kV/m；

$\quad\quad U$——极导线对地电压，kV；

$\quad\quad H$——导线对地高度，m；

D_{eq}——分裂导线等效直径，m；

X——距线路中心垂直线路方向的距离，m。

（2）合成场强为

$$E(\pm x)=\frac{U}{H}(\pm x)\left[1-\left(f\left(\frac{U}{U_i}\right)\cdot\frac{U}{U_i}\left(1-\frac{K_e(\pm x)\cdot H}{F(\pm x)}\right)\right)\right] \tag{6-5}$$

$$E(\pm x)=E_s(\pm x)\left[1-\left(f\left(\frac{U}{U_i}\right)\cdot\frac{U}{U_i}\left(1-\frac{K_e(\pm x)\cdot H}{F(\pm x)}\right)\right)\right] \tag{6-6}$$

$$F(x)=\frac{EH}{U} \tag{6-7}$$

其中，$F(x)$通过查询地表归一化电流密度的横向分布表求得；$f\left(\dfrac{U}{U_i}\right)$通过查询起晕后地表电场强度计算的设计曲线求得；$E(x)$为合成场强，$kN/m$。

（3）离子流密度为

$$J(x)=\frac{x^2}{H^2}\cdot C(x)\cdot\left[1-r\left(\frac{U}{U_i}\right)\cdot\frac{U}{U_i}\cdot\left(1-\left(1-\frac{U_i}{U}\right)^2\right)\right] \tag{6-8}$$

其中，$C(x)$通过查询地表归一化电流密度的横向分布表求得；$r\left(\dfrac{U}{U_i}\right)$通过查询起晕后地表离子电流密度计算的设计曲线求得。

（三）导线的其他特性

1. 电能损耗

（1）电阻电能损耗为：

$$Q=I^2R\tau\times10^{-7} \tag{6-9}$$

最大电阻功率损耗为

$$W=I^2R\times10^{-6} \tag{6-10}$$

$$R=\frac{2rL}{N} \tag{6-11}$$

式中　W——最大功率损耗，MW；

Q——电阻损耗能量，万 kW·h；

I——最大负荷电流，A；

τ——最大负荷损失小时数，h。

R——线路总电阻，Ω；

N——极导线分裂根数；

r——导线流过额定电流时导线温升后的直流电阻，Ω/km；

L——线路总长度，km。

（2）电晕电能损失。影响导线电晕损失的可变因素很多，无论在理论上或经验总结方面均缺乏共识。电晕损耗的估算方法很多，有对比法、苏联的半经验公式、安乃堡公式、巴布科夫公式、直流导则中的修正皮克公式等计算方法。这些计算方法的计算结果差异较大，根据中国电力科学研究院对葛上±500kV 直流试验线路的计算和实测结果比较证实，安乃堡公式计算结果与实测差异最小，但其测试仅限于 ±500kV 及以下运行电压下。经对±800kV线路按安乃堡公式计算比较，电晕损耗占到总损耗的25%左右，此结果与大多直流研究的结论不一致，直流线路的电晕占电阻损耗的比例很小，因此，通过计算比较分析，采用EPRI推荐的前苏联半经验公式进行电晕损耗计算。

$$W = 2UI_0 \qquad (6-12)$$

$$I_0 = \alpha U_0^2 \left[\frac{1-\beta}{\left(\frac{P}{2}\right)^2} + \frac{\beta}{H^2} \right] \qquad (6-13)$$

$$\beta = \frac{\alpha}{\pi} \tan^{-1}\left(\frac{P}{2H}\right) \qquad (6-14)$$

$$U_0 = U \frac{g}{g_0} \qquad (6-15)$$

$$g_0 = 20.1\delta \left[1 + \frac{0.613}{(\delta r)^{0.4}} \right] \qquad (6-16)$$

$$\alpha = f\left(\frac{U}{U_0}\right) \qquad (6-17)$$

式中 W——电晕损耗，kW/km；

U——线路运行电压，V；

I_0——电晕电流，A；

α——损失系数，由试验求得，α损失系数曲线如图6-2所示；

P——极间距，m；

H——极导线高，m；

g——导线最大表面电场强度，kV/cm；

g_0——导线起始电晕电场强度，kV/cm；

d——导线直径，cm；

δ——相对空气密度。

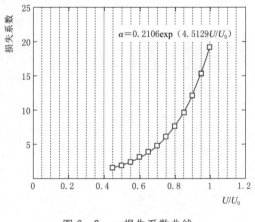

图6-2 α损失系数曲线

2. 机械特性

根据"交流规程"和"直流导则"规定，导线设计安全系数取2.5，悬挂点的设计安全系数不小于2.25，平均运行应力不大于拉断应力的25%。验算覆冰气象条件时，弧垂最低点的最大张力不超过拉断力的70%，悬挂点的最大张力不超过拉断力的77%。相关参数计算方法可直接参照《电力工程高压送电线路设计手册》。

三、智能导线选型设计及实现

（1）系统能单独计算各导线性能（年费用法、经济性），并给出优选算法。

（2）年费用法能反映工程投资的合理性、经济性。年费用包含年投资费用、年运行维护费用、电能损耗费用及资金的利息，是将各方案按照资金的时间价值折算到某基准年的总费用平均分布到项目运行期的各年，年费用低的方案在经济上最优。

按《电力工程经济分析暂行条例》(电力工业部 (82) 电计字第 44 号文) 第十五条经济计算——年费用最小法。线路工程简化为

$$NF = Z \left[\frac{r_0(1+r_0)^n}{(1+r_0)^n-1} \right] + \mu \qquad (6-18)$$

式中　NF——年平均费用，平均分布在 $m+1$ 到 $m+n$ 期间的 n 年内，万元；

　　　n——工程的经济使用年限，默认为 30 年，用户可设置；

　　　r_0——电力工业投资回收率，默认为 8%，用户可设置；

　　　μ——折算年运行费用，万元；

　　　Z——经折算后的工程总投资，万元。

折算到工程投运年的总投资 Z 为

$$Z = \sum_{t=1}^{m} Z_t \cdot (1+r_0)^{m+1-t} \qquad (6-19)$$

$$Z_t = Z_b \times 第 t 年的投资比例 \qquad (6-20)$$

式中　t——从开工年起到计算年的年数；

　　　m——工程施工年数，默认为 2 年，用户可设置；

　　　Z_t——第 t 年的建设投资，万元；

　　　Z_b——工程本体投资，用户输入，万元。

施工期间投资以年为单位，若是两年，则提供第一年、第二年投资比例输入 (默认前一年投资为 60%，后一年投资为 40%)；若是三年，则提供第一年、第二年、第三年投资比例输入，以此类推。

年运行费用 μ 为

$$\mu = \frac{r_0 \cdot (1+r_0)^n}{(1+r_0)^n-1} \cdot \left[\sum_{1=t_0}^{m} \mu_t \cdot (1+r_0)^{m-t} + \sum_{t=m+1}^{t=m+n} \mu_t \cdot \frac{1}{(1+r_0)^{t-m}} \right] \qquad (6-21)$$

式中　t_0——工程部分投产的年份，默认为 1 年，用户可设置；

　　　μ_t——运行费用，万元。

运行费用 μ_t 为

$$U_t = U_{电晕t} + U_{电阻t} + U_{运行维护t} \qquad (6-22)$$

$$U_{运行维护t} = 运行维护费率 \times \sum_{t}^{m} Z_t \qquad (6-23)$$

$$U_{电晕t} = U_{单位长度电晕损耗} \times h \times P_e \qquad (6-24)$$

$$U_{电阻t} = U_{单位长度电阻损耗} \times h \times P_e \qquad (6-25)$$

$$U_{单位长度电阻损耗} = R_t \times I_e^2 \qquad (6-26)$$

式中　运行维护费率为默认取值 1.4%，用户可设置；

$U_{单位长度电晕损耗}$——用户输入，kW/km；

　　　P_e——电价，用户可输入多个数值，一并计算输出，元/(kW·h)；

　　　h——年损耗小时数，默认取 2000、2500、3000、3500、4000、4500、5000，h；

　　　I_e——用户输入单根导线额定电流环境温度；

R_t——利用载流量计算公式得到的参数。

（3）经济性计算以国家电网有限公司通用设计及特高压交直流线路工程为模型，计算每种导线的工程费用，同时应用全生命理论，对每种导线的建设成本和使用成本进行分析，确定导线应用的年费用。

（4）计算出各项导线性能后，设计优选算法，使系统能优选出在满足工程要求的条件下更经济、更能满足环境保护的导线。

智能导线选型图如图6-3所示。

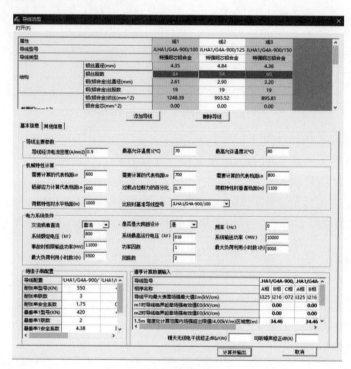

图6-3　智能导线选型图

第二节　智 能 杆 塔 排 位

一、智能杆塔排位功能模块

杆塔智能定位主要功能是在已确定线路路径和导线型号等基本参数的基础上结合线路电气设计业务规则实现杆塔自动选型和自动定位。在进行杆塔智能定位时需要考虑因素很多，包括杆塔使用条件、绝缘子串使用情况、综合造价等。根据实际业务特点以及初步设计和施工图设计的精度要求可以将智能定位的算法按照"简单定位算法"和"严密定位算法"进行区分研究。

另外在进行智能排位之前还需要进行相关的数据准备工作，主要准备杆塔方案和环境数据分类。其中杆塔方案应当考虑塔串配合、轻重型塔组合等；环境数据需要根据电网专题数据和人工设置数据区分立塔禁区等。

二、杆塔排位数字化的实现

1. 设计向导

该系统设置了设计向导，用以确定当前工程的电压等级、回路、导地线型号及安全系数、塔串默认组合等数据。

2. 杆塔排位

设置向导后，进行杆塔排位。该系统杆塔排位的方式包括自动排位（快速排位）和手动排位。自动排位根据向导设置的导地线型号、塔串配合，在线路中心断面线上自动排塔，要确保杆塔设计档距、对地跨越距离、杆塔最大转角度数等均不超限。手动排位可以在立塔窗口中，选择塔名、塔型、呼高、累距、定位桩与偏差距离等，也可以在三维场景中直接鼠标左键点选需要立塔的位置，即可读取点选处的累距。

3. 修改排位结果

杆塔排位完成后，该系统同时支持修改排位的结果，包括塔型、累距、基面、串型号、基础型号等，所有排塔时确认的属性，均可以在修改塔时改变。也可以直接删除塔，大大提高系统的可操作性。系统支持：

（1）单塔修改。在修改塔菜单中直接修改所选塔的属性。

（2）耐张段批量修改。在耐张段配置菜单中，导线可以以耐张段为单位，批量修改气象区、塔型、线型、串型、安全系数、分裂形状等，地线可以以档为单位，批量修改地线型号、地线金具、安全系数等。

（3）Excel 表格全线路修改。在批量编辑菜单中，可以导出当前工程 Excel 格式塔名、塔型、呼高、基面、接腿、基础型号等数据，在 Excel 中批量修改后，再导入工程中，可以实现全线路工程数据一次性修改的目标。

（4）其他批量修改功能。可以批量重排塔名，或批量编辑导线串型号，批量编辑基础角度，或批量编辑塔材料，选择对应菜单即可。

4. 复杂线路设计

实际工程中，常常会遇到双回变 2 个单回、已有线路破口 T 接、分歧等各种情况，此时就需要先设计多线路段，再进行线路段间的交叉换相。

（1）相序设计。进出线档（排列方式改变），或者需要档间改变相序，就需要交叉换相功能。在交叉换相菜单中，选择需要调整相序的档，在菜单下面的表格中，可以直接选择两相换相，也可以依次点击左侧和右侧的挂点名称，程序根据所选挂点重新连线。

（2）多线路段设计。多线路段设计可以在三维场景中，通过鼠标点选，直接添加线路段，或者可以从 CPS 导入多方案路径，也可以导入已经选择好的三维线路路径文件（.swt），均可以生成多线路段数据。

（3）分歧线路设计。在分歧设计菜单中，选择已有线路的分歧塔，即可完成分歧线路设置。接下来在分歧线路中进行杆塔排位，即可自动连接分歧塔的导地线。

三、智能排塔详细步骤及软件实现

（1）打开工程。打开项目图纸界面如图 6-4 所示。

（2）智能选线。进行智能选线界面如图 6-5 所示。

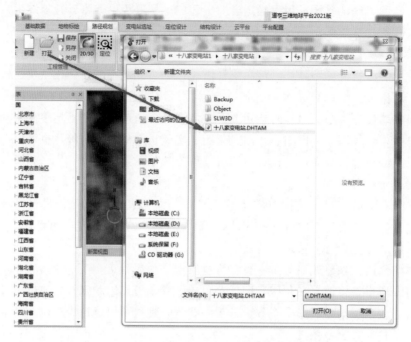

图 6-4 打开项目图纸界面

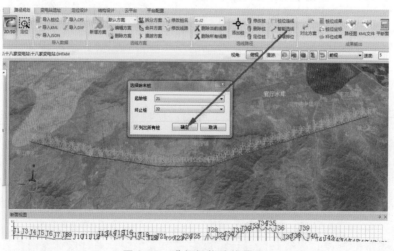

图 6-5 进行智能选线界面

（3）杆塔排位进入定位设计。杆塔定位界面如图 6-6 所示。

（4）准备数据库、设计向导。准备数据库、确定回路和导地线型号、确定塔串组合及确定塔型界面分别如图 6-7～图 6-10 所示。

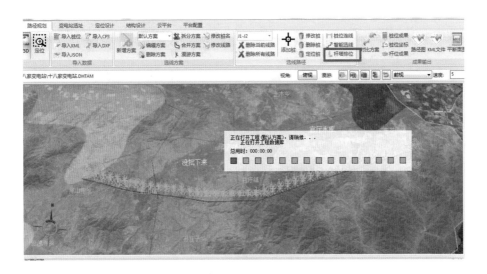

图 6-6 杆塔定位界面

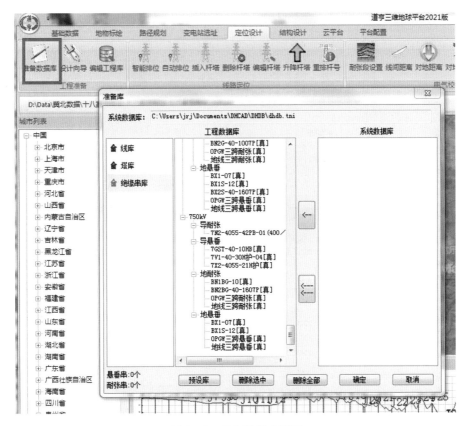

图 6-7 准备数据库界面

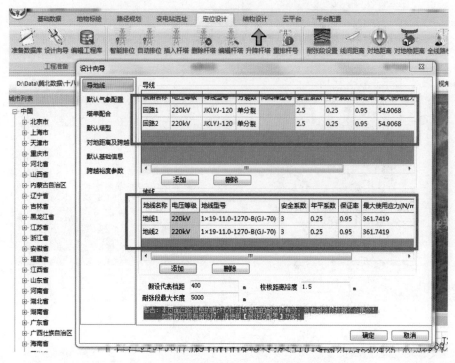

图 6-8　确定回路和导地线型号界面

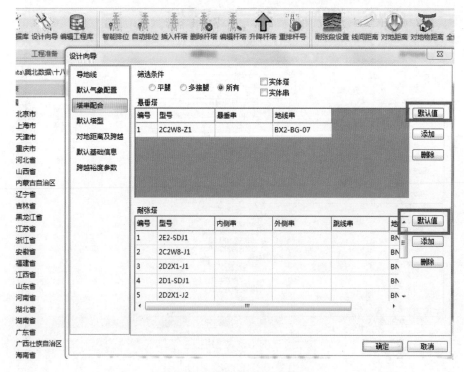

图 6-9　确定塔串组合界面

图 6-10 确定塔型界面

（5）智能排塔。正在排塔界面如图 6-11 所示。

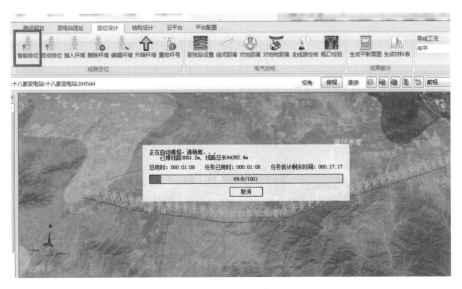

图 6-11 正在排塔界面

（6）排塔完成。排塔完成、排塔结果展示界面分别如图 6-12、图 6-13 所示。

图 6 - 12　排塔完成界面

图 6 - 13　排塔结果展示界面

第 三 节　智 能 绝 缘 设 计

根据工程设计条件，包括电压等级、污秽区等级、海拔高度等，采用爬电比距法，选择合适的绝缘子型式和片数。根据导线型号、设计安全系数等条件，智能化推荐适合的绝缘子串型号。配合优选的绝缘子型式和片数，组合成最终的绝缘串型号。

智能绝缘配合主要考虑串的吨位、设计使用条件、污秽等级等信息。在智能配串的过程中首先按照设计使用条件和吨位在数据库中选择合适的串型式。

计算绝缘子串所挂导线的风荷载，根据串重和导线张力计算串的受力。考虑不同工程条件下的安全系数和安全裕度，确定绝缘子串的可用吨位范畴。然后获取当前塔的垂直档距、水平档距等使用条件，所挂导线的线径等参数从绝缘子串库中智能匹配一组能够使用的串。其中 V 串的吨位计算需要考虑折减。

下相导线挂点高度为

$$下相导线挂点高度＝铁塔呼高－L \cdot \cos(A) \tag{6-27}$$

式中　A——V 串夹角。

下相导线平均高计算时，记串型选择所在直线塔的塔号为 T_{a2}，相邻大号侧塔塔号为 T_{a1}，相邻小号侧塔塔号为 T_{a3}，符号定义见表 6-3。

表 6-3　　　　　　　　　　符　号　定　义

符号	定义	符号	定义
$H_{挂-1}$	T_{a1} 下相导线挂点高度	L_{2-3}	T_{a2} 至 T_{a3} 档档距
$H_{挂-2}$	T_{a2} 下相导线挂点高度	β_{1-2}	T_{a1} 至 T_{a2} 档高差角
$H_{挂-3}$	T_{a3} 下相导线挂点高度	β_{2-3}	T_{a2} 至 T_{a3} 档高差角
L_{1-2}	T_{a1} 至 T_{a2} 档档距	K 值	$K=\gamma/(8\cdot\sigma)$

前侧档距导线平均高为

$$H_{平下-前}=\frac{H_{挂-1}+H_{挂-2}}{2}-\frac{2\cdot K\cdot L_{1-2}^2}{3\cdot\cos(\beta_{1-2})} \qquad (6-28)$$

后侧档距导线平均高为

$$H_{平下-后}=\frac{H_{挂-2}+H_{挂-3}}{2}-\frac{2\cdot K\cdot L_{2-3}^2}{3\cdot\cos(\beta_{2-3})} \qquad (6-29)$$

上相导线平均高为

$$H_{平上}=H_{平下} \qquad (6-30)$$

$$H_{平上}=H_{平下}+上相至下相导线层高差 \qquad (6-31)$$

式（6-30）为直线塔为单回路时，式（6-31）为直线塔为多回路时。

风荷载计算时，上相导线覆冰风荷载为

$$上相导线覆冰风荷载=P_{覆-设置高}\cdot\left(\frac{H_{平上}}{H_{设置}}\right)^{0.32} \qquad (6-32)$$

上相导线大风风荷载为

$$上相导线大风风荷载=P_{风-设置高}\cdot\left(\frac{H_{平上}}{H_{设置}}\right)^{0.32} \qquad (6-33)$$

式中　$H_{设置}$——排位前设置的导线对地平均高；

$P_{覆-设置高}$——平均高对应覆冰风荷载；

$P_{风-设置高}$——大风风荷载。

绝缘子应至少满足受力值，V 串左肢绝缘子至少应满足的受力值为

$$V串左肢受力值=\frac{T_1\cdot安全系数}{联数} \qquad (6-34)$$

V 串右肢绝缘子至少应满足的受力值为

$$V串右肢受力值=\frac{T_2\cdot安全系数}{联数} \qquad (6-35)$$

最终吨位选择，V 串左肢绝缘子最低要求受力值为

$$V串左肢绝缘子最低受力值=\frac{T_1\cdot安全系数}{联数}+裕度 \qquad (6-36)$$

V 串右肢绝缘子最低要求受力值为

$$V串右肢绝缘子最低受力值 = \frac{T_2 \cdot 安全系数}{联数} + 裕度 \qquad (6-37)$$

完成绝缘子串型式选型之后，根据杆塔所在地区的污秽等级、绝缘子爬电比距等参数自动计算每个绝缘子串的片数。根据计算结果自动调整每个串的片并更新三维模型。智能配串图如图 6-14 所示。

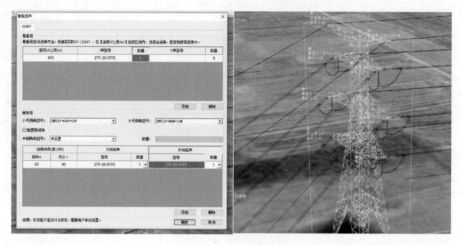

图 6-14　智能配串图

第四节　智能移动终端技术应用

为辅助输电线路设计业务，输出科学合理的设计成果，输电线路三维设计过程中移动平台主要实现以下四大应用，即基础数据采集、输电线路智能选线及线路验证、二维、三维一体化数据展现及成果输出、电网建设集成管理。

1. 基础数据采集

基础数据是电网设计的重要决策资料，设计人员在进行规划、可研、初设及施设过程中都需要参考采集的基础数据辅助决策。原有的输电线路设计方式是设计人员到野外现场采集数据，在现场用纸笔记录，回去后再录入系统。此种工作模式不仅效率低，而且错误率高。将移动智能终端应用于电网设计业务，可在野外精准定位当前位置，实时采集当地的气象数据、专题数据、环境数据等各种有效信息。通过对比原影像数据与实际地形查找错误，利用移动智能终端自带的摄像功能，拍摄实地照片并利用无线传输至服务端方便后续修改。利用移动智能终端不仅可以提高工作效率，也大大地减少了因记录失误或遗失造成的数据误差，提高了设计精度及可靠性。

2. 输电线路智能选线及线路验证

移动智能终端在输电线路三维智能辅助设计中最重要的应用就是实现了对所设计的线路野外查勘的智能化。移动设计平台通过实现三维智能设计技术，能够依托 1：50000 或 1：10000 电子矢量地形图、数字高程模型（DEM）、航片、卫片数据或高时效性 2.5m 分辨率或 0.61m 分辨率遥感影像图等，采用先进的计算机技术手段，实现自动智能选线，对沿线障碍物自动避让，优选路径最佳方案。在自动选线的基础上，系统通过二维、三维结合的方式为用户提供直观的辅助编辑环境和友好的编辑工具。

自动选线时用户只需指定线路的起点、终点和指定线路需要避开的区域，如大型工矿企业、不良地质地带、采空区、重冰区、强舞动区、原始森林、自然保护区、风景名胜区、居民区等信息，系统将通过快速扫描优化算法自动构建线路网络通路，并提供若干条参考路径及相关的线路信息。

在设计人员对线路进行野外沿线踏勘验证时，所用移动终端中的地图、线路设计数据仅在每次进行现场比对时通过系统专线传递，避免了机密敏感数据的随意下载和传播。从源头上保证了数据的安全性，用户通过使用移动终端对所选线路和杆塔排位进行现场比对及时查找或发现设计缺陷，亦可在终端平台上标定错误点，进行人工修改，最终确定最后设计方案。通过使用移动智能终端为野外查勘带来了巨大的便利性，大大提高了选线的工作效率。

3. 二维、三维一体化数据展现及成果输出

对于已确定的工程方案，智能终端移动应用平台可实现建设成果的二维、三维一体化数据展示。该移动平台对线路杆塔排位的成果在三维场景中生成图形，包括用三维模型的方式展示线路路径上的导线、地线、杆塔、绝缘子串、金具等材料设备。所有的二维、三维图像可在平台中按需显示，方便用户比对现场，勘测地形。

传统的线路设计系统基本都是二维、三维独立开发和运行，这种模式，不仅数据转换时工作量大，对硬件存储条件要求高，且在一定程度上阻碍了电网线路设计软件的推广。利用二维、三维自动转换处理技术，很好地解决了上述问题，使二维、三维空间数据真正实现一体化展现和管理。

电网设计人员在完成路径设计及杆塔选型排位设计后，需输出设计成果以供查看验证。移动智能终端可以提供定制化的成果输出，包含线路设计所有成果资料，如工程资料、设计方案、杆塔明细、材料匹配。用户可在移动端上随时查看设计工程的方案、地形、杆塔设备模型、杆塔明细表等设计成果。移动终端便捷的成果展现及查看方式，体现了现代化移动应用的趋势。

4. 电网建设集成管理

移动智能终端利用其固有的便携性和易操作性，方便实现电网数据集成，获取区域电网各类规模的线路、变电站、电厂的空间位置属性、工程项目勘测设计资料等。对这些数据进行整合与管理，并将数据传送到三维设计平台服务端，可快速地建立起全数字化电网模型。工程现场人员在三维模拟场景中，操作三维模型进行线路进度数据的采集填报，真实的展现工程现场建设的过程和重要环节，并将工程建设进度数据传输到相应的省电力公司、上级公司基建管理信息系统，可进行全程监控管理。通过移动终端的使用使得电网建设数据采集位置与实际工程建设现场同步对应，从而实现相关责任人的到位考核，提高安全生产的管理水平，并基于 LBS 位置服务规范业务数据的有效性、及时性和可靠性，为领导决策和日常生产管理提供相应依据。

输电线路智能结构设计 第七章

输电线路智能结构设计是线路设计重要内容之一，也是输电线路本体智能设计主要内容，主要包括智能杆塔基础设计、智能杆塔选型等。

第一节　智　能　杆　塔　基　础　设　计

一、长短腿基础智能配置及设计

全线路长短腿基础智能配置和设计是通过平台的定位数据，自动进行长短腿配置，自动批量计算每个塔的基础作用力，并根据杆塔的使用条件对基础进行归并，实现在有效减少基础型号数量的前提下，基础自动计算功能。

1. 设置基础智能设计的归并条件

设置条件。设置条件中设置基础的露头、地脚螺栓信息和要设置的基础类型。

使用规划的设计露头：设置基础露头的范围和步长，露头间以逗号分隔。根据长短腿配置结果和塔基地形数据计算出每个塔脚的基础露头数值，根据向上取值原则来确定当前基础最终设计露头。

按塔型设置地脚螺栓：按塔型显示地脚螺栓的材质、规格、数量和间距。

按水文地质信息设置的基础类型：设置每种地质能使用的基础样式，每次地质最多选5种基础。

应用设计条件：将设计条件中的露头、地脚螺栓、基础信息传递给每种杆塔，用于基础设计计算。

归并结果：用于自动归并和显示归并结果。

2. 智能归并和设计全线路基础方案

自动归并：对同类型水文地质、塔型和呼高的塔进行归并。归并的塔形使用同一个种基础型号。

归并悬垂直线塔：对悬垂塔 4 个腿的基础按照露头向上取值原则进行归并。

手工归并：由用户选择要归并的基础进行归并。在归并结果窗口通过框选和按 Ctrl 键点选，选择要归并的基础，使其处于反显状态，点击手工归并进行归并。注意选择要归并基础的杆塔类型要一致。

设计基础：根据基础归并的基础作用力，基础形式的信息，自动计算工程中需要用到的基础。

智能基础归并图如图 7-1 所示。

图 7-1 智能基础归并图

二、智能杆塔基础设计步骤及软件实现

（1）基础设计。杆塔基础设计界面如图 7-2 所示。

（2）基础规划成果。杆塔基础规划成果界面如图 7-3 所示。

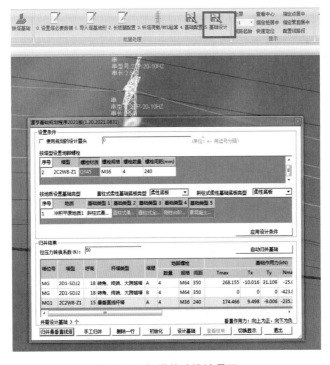

图 7-2 杆塔基础设计界面

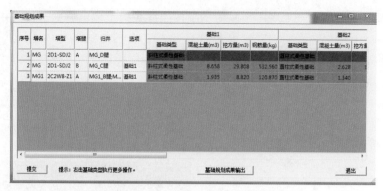

图7-3 杆塔基础规划成果界面

（3）计算结果。杆塔基础计算结果界面如图7-4所示。

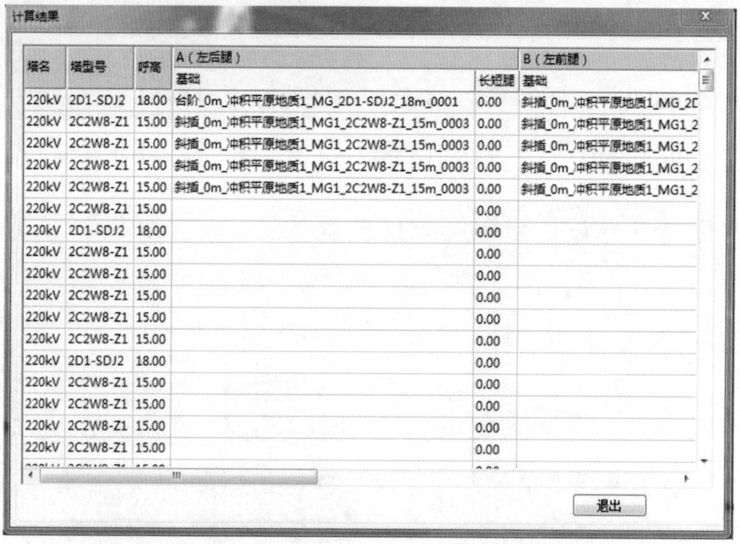

图7-4 杆塔基础计算结果界面

（4）配置完成。杆塔基础成果展示界面如图7-5所示。

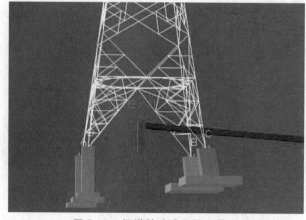

图7-5 杆塔基础成果展示界面

第二节 智能杆塔选型

一、杆塔选型的前提条件

只有在已知条件确定的时候，才能选取出合适的杆塔型号，而一般的已知条件如下所示：

（1）气象区。分为 A、B、C 三种气象区。

（2）地理环境。地理环境可分为偏远乡村、一般乡村和城镇。在偏远乡村地区适合杆长较低，预应力杆（水泥杆强度等级为 G）；在一般乡村地区适合一般杆长，预应力杆（水泥杆强度等级为 G）和非预应力杆（水泥杆强度等级为 I、K、M、N）等比较经济的杆型；在城镇地区适合杆长较高，非预应力杆（水泥杆强度等级为 I、K、M、N）和部分预应力杆（水泥杆强度等级为 0、T），有时甚至会使用钢管杆；直线钢管杆仅使用于单、双回路跨越，不考虑同杆架设情况。

（3）线路的档距。线路的档距包括垂直档距和水平档距，档距越大，所使用的杆型强度就越大，价格更高。

（4）导线的型号。导线的型号包括：10kV 绝缘导线 J、K、L、Y、J 中的 $50mm^2$、$70mm^2$、$95mm^2$、$120mm^2$、$150mm^2$、$185mm^2$ 和 $240mm^2$ 各种截面；380/220V 绝缘导线 J、K、L、Y、J 中的 $50mm^2$、$70mm^2$、$95mm^2$、$120mm^2$、$150mm^2$ 和 $185mm^2$ 各种截面；10kV 钢芯铝绞线 JL/G1A 中的 $50mm^2$、$70mm^2$、$95mm^2$、$120mm^2$、$150mm^2$、$185mm^2$ 和 $240mm^2$ 各种截面；10kV 铝绞线 JL 中的 $120mm^2$、$150mm^2$、$185mm^2$ 和 $240mm^2$ 各种截面。

（5）所使用架空线的回路数及是否高低压同杆。所使用的架空线的回路数越多，则使用的杆型强度越大，造价越高；高低同杆所需的杆型强度比非高低同杆的要大。

（6）拉线安装。是否有足够空间安装拉线，如果有，则可以使用带拉线杆塔；如果没有，则可考虑使用无拉线杆塔或钢管杆。

二、智能杆塔放样

杆塔设计系统，包括自立式桁架铁塔、钢管杆、混凝土杆三种类型的建模、计算、绘图、实体建模等模块。三维杆塔设计中主要流程有自动优化排位、手动杆塔排位和三维拓扑建模。相比传统杆塔定位断面图和平面图，在三维设计平台中，结合三维地形地貌数据，可以实现三维立塔、移动塔、删除塔、替换塔、升降塔等操作，并可以在调整杆塔的过程中实时进行安全距离校验，依据三维影像进行架空输电线路路径选择及优化。在三维软件中，可以实时显示杆塔定位设计图。

（一）自立式桁架铁塔

采用铁塔满应力软件可设计自立式桁架铁塔，包括快速建模、受力分析计算，支持自动选材，也可验算指定的杆件。

1. 桁架塔建模

该系统采用"积木式"快速输入方法，按铁塔分段，从上往下，依次输入塔身、接腿的高程（或者挂接关系）、分段开口宽、段高等数据，再选择每段正侧面以及水平横隔面的布材样式，再输入横担及塔头数据，即可生成整塔三维模型。

程序自动分配节点号，自动生成节点分配表，点击工具栏上 MYL 图标，即可生成 MYL 计算接口文件，并在 MYL 中打开当前杆塔数据。

2. 桁架塔结构设计

导入建模数据后，设置导地线挂点，即可进行导地线荷载计算。根据杆塔设计条件或实际工程排位条件，计算杆塔外负荷，并将各工况荷载结果导入 MYL 中。在计算页面，可进行全塔有限元计算。该系统：

（1）具有"多塔高多接腿"分析计算功能，"长短腿（高低腿）"自动轮换分析功能。

（2）具备人重计算、塔脚板计算、法兰计算、基础作用力汇总、双角钢梁计算等功能。

（3）可进行补助材及零杆的选材计算或验算，同时也可对斜材承载力进行计算。

（4）可按照《架空输电线路杆塔结构设计技术规定》（DL/T 5154—2012）的要求，计算埃菲尔效应。

（5）增加全新界面版本，按杆塔建模、参数调整、荷载计算、规格参数、有限元计算、补助材设计、杆件调整、输出结果的步骤，优化设计流程。

3. 桁架塔设计成果

该系统自动形成铁塔司令图及计算书，标明节点号、杆件规格、连接螺栓数量与规格，生成三维模型（单线）。

（1）形成铁塔司令图及计算书。可设置分段及司令图配置参数，可生成 CAD 格式司令图，并可输出当前铁塔的有限元计算书。

（2）生成三维模型（单线）。点击接口文件，导出三维建模接口文件，检查必要数据后，即可输出 TAI 格式单线铁塔模型文件。这个文件可直接在工程数据库的塔库中，通过模型入库的方式导入，自动更新三维线路相同型号的塔型。

4. 桁架塔实体建模

铁塔结构设计完毕后，可以通过铁塔三维实体建模程序，自动放样。

（1）加载单线模型自动放样。启动铁塔三维实体建模程序，新建工程，在自动放样菜单，选择 MYL 计算并输出的 TAI 格式模型文件，程序自动按 MYL 计算结果，根据放样经验，自动全塔实体放样。

（2）模板快速节点设计。自动放样后，部分复杂节点难以实现自动放样，就需要手工调整。可以通过放样系统提供的点、孔、杆件、板等菜单，手工调整模型，也可以采用模板来快速调整模型。

点击模板菜单，可以选择节点、V 面、塔脚板等不同类型，每种类型又包括各种常见样式，选择后，根据提示填写对应的属性信息，点击预览按钮，即可查看节点设计成果，如果确认无误，点击确定即可完成节点设计。

（3）生成三维模型。杆塔实体模型设计完毕后，即可点击铁塔模型——输出 TAI 菜单，可将当前铁塔的实体模型也输出 TAI 格式模型文件，同样可以在工程数据库中加载，在三维场景中，就可更新成实体塔型。

（二）钢管杆

钢管杆设计系统，采用柔性结构矩阵有限元分析算法进行受力分析，可准确计算杆身风荷载，可自动优选管状杆件壁厚。

1. 钢管杆建模

参数化快速生成单杆模型。填写主杆、横担参数，包括段长、管径、材质、壁厚、截面形状、挂接高度等数据，即可展开形成钢管杆计算模型。

2. 钢管杆结构设计

计算钢管杆荷载后，导入各工况荷载结果，就可以进行有限元计算了。

钢管杆挠度计算采用非线性迭代有限元算法，准确计算结构变形带来的二次效应影响，支持多核计算，提高效率，支持使用多种不同材料混合的杆型，支持杆件自由度释放。

3. 钢管杆连接计算

支持主杆法兰、横担连接法兰、横担根部槽钢连接、横担方法兰、管状横担双板加劲等连接方式。可以优选，也可以指定规格验算，并输出连接计算书。

4. 钢管杆设计成果

设计成果包括组装图、计算书、三维模型等。

支持手动指定生成任意位置的剖视图，放大图并增加各种注记，支持自行定制整套图纸的图形内容和材料表；可设置其他附件的样式，包括横担根部劲板、挂线板、爬梯、检修装置、盖板接地板等其他装置；可以成套出图，将不同呼高的钢管杆生成一套图纸；生成图纸后，可自由调整图纸布局、部件比例、标注位置等，提供图块对齐、等距、批量修改比例等功能，修改后的图纸布局可以保存，下次同类型的图纸可自动套用修改后的布局方案，提高图形编辑的工作效率。

三维模型输出需要点击三维模型数据（TAI）菜单，即可输出 TAI 格式钢管杆单线模型文件，这个文件可直接在工程数据库的塔库中，通过模型入库的方式导入，自动更新三维线路相同型号的塔型。

5. 钢管杆实体建模

钢管杆设计完成后，可以通过钢管杆实体建模系统，自动放样。

（1）加载单线模型自动放样。在钢管杆三维放样菜单中即可将当前杆型模型导入钢管杆放样系统，并自动放样。也可以单独启动钢管杆放样系统，点击工具下加载 TAI 菜单，选择钢管杆设计系统生成的单线 TAI 格式模型文件，实现自动放样。

（2）生成三维模型。系统菜单功能可将当前自动放样的钢管杆模型，生成 TAI 格式模型文件。同样，也可以在工程数据库中导入，在三维场景中加载实体放样模型。

输电线路智能造价 第八章

电网是关系国计民生的基础性产业，随着经济社会发展，对社会的影响力和受公众的关注程度也在不断提高。特高压、智能电网等电网工程大规模建设，电网投资逐年增加，这对加强电网工程建设和造价管理、合理控制工程投资、提高电网建设效益提出了更高要求。投资管理是建设工程项目管理工作的核心和灵魂，是各类管理工作数据联动的纽带。迫切需要开展造价管理领域的技术创新，不断提高工程造价管理水平，加强造价管理对其他管理专业的正向影响，利用造价管理的量化能力做好事前控制，提升风险防范能力，确保电网建设平稳快速发展。

随着经济社会和工程技术的飞速发展，新技术、新材料、新工艺、新设备在工程项目中不断涌现。不断扩大的社会需求对电网工程建设的要求越来越高。这些都反应到建设工程造价管理和工程量计算上，科学严谨的工程量是造价合理确定的前提，是工程实施必不可少的依据，是有效控制投资的根本。

造价管理贯穿工程项目规划设计、建设、运维等全过程，打通技术与造价环节，形成一体化，实现完全匹配，必将推动工程项目管理精细化和增值价值，为电网高质量建设运行提供坚强支撑。

第一节 智 能 造 价

一、基于三维设计的自动造价编制

三维设计逐渐在输电线路工程中深入应用，促进了输电线路工程造价方法方面的改革。基于典型设计的标准化设计模型有助于实现三维设计的标准化，即把工程中的分部、分项工程做成三维标准化设计，建立标准化设计模型库，这样的标准化设计不仅完成三维模型的标准化，还包括标准部件、单元的技术规范书以及造价信息的标准化。例如输电线路中的杆塔设计，设计人员经过计算对基础、杆塔、导线、附件等进行选型，选型完成后，通过造价软件平台中的工程量计算软件自动在后台标准库中缩存、加和相应造价数据，完成工程量的计算。如果设计阶段修改了某一处信息，由于数据共享的优势，造价方面也会进行自主修改，省去技经人员——核对的困难。

在完成工程量的计算之后，通过模型中包含的材料、造价等信息，通过施工环境调节系数数据库、建安费取费系数数据库、设备材料数据库、清单数据库等相关数据的调取，即可得到输电线路工程的概预算造价。并且可以对此过程得出的造价结果进行造价分析，使设计及招投标阶段的造价管理更加数字化、智能化。

1. 自动造价流程

第一步，由设计人员通过三维设计软件运用标准化模型进行输电线路工程设计，将输电线路三维设计模型构件根据构件类型，梳理划分为颗粒度最小的高内聚、低耦合的图形构件单元，每个构件单元有唯一的内部编码进行识别，并具备相应的属性信息集合，规范输电线路三维设计模型的颗粒度及其模型属性信息、模型层级及隶属关系、模型属性信息的输出逻辑与输出格式等，使其成为能够直接拿来用、不必复查的模型，将其称为"标准化设计模型"，并建立标准化设计模型库。根据架空输电线路工程特点，将三维图形构件对象予以分类，并划分为不同层级，具体分为导线、杆塔、基础、接地、附件等几大类。每一大类划分为若干小类。分类能体现出构件的类型、构件层级、构件隶属关系等。这些构件逻辑关系将和造价平台需要的数据信息进行逻辑对应，并通过属性信息的方式存储和输出。同时，对于架空输电线路工程当中的土质比例、地形系数、运输、跨越等信息，根据三维图纸，分析整理出这些数据可行的输出内容、输出方式、输出格式，对应造价平台相关的数据需求和数据提取。

第二步，将数据从三维设计平台导入到造价平台，并在造价平台对三维设计模型中的数据进行识别、梳理，需要制定输电线路三维设计与工程造价平台的数据交互格式、数据交互标准，实现三维设计软件与造价软件的无缝结合与深度融合，实现工程造价的自动生成。

第三步，利用造价平台中内置的规则库，达到根据三维模型生成造价计算成果的目的。首先制定三维设计模型信息与物料、定额、清单项、工程量之间的对应与匹配关系，并形成可更新的逻辑规则库。根据设计的三维构件分类和工程造价实际的数据需求，研究物料编码的编码格式，根据物料编码和构件编码将设备材料划分为导线、杆塔、基础、接地、附件、辅助等几大类，并根据三维设计平台的构件和其安装方式建立三维构件信息表、三维构件属性信息表、计算参数表，然后将所有标准模型构件对应各自的编码，并通过编码识别出各构件不同的多个限定条件，在数据库中筛选相应定额并提取出来，将定额与工程量相关联。研究三维图形建模软件输出的图形构件对象属性与工程量、造价计算的数据关系，把这种格式化逻辑关系内置在系统中，达到根据三维模型生成造价计算成果的目的。逻辑规则和三维设计模型及模型属性相关联，计算造价时，根据三维设计模型的数据输出和逻辑关系库，在造价平台中自动关联、自动套取相关定额与清单项，提高造价编制的速度与精确度，把造价工作人员从繁重的图形识别和数据提取计算中解放出来。实现流程见第 3 章图 3 - 3。

2. 工程量自动计量与生成

输电线路的造价过程中，$60\% \sim 70\%$ 的时间花在了工程量的计算上。由于传统的工程量计算软件拥有自己的图形平台，预算人员可通过该平台，根据对设计图纸的理解，人工地建立正确的三维模型，然后按照规范中规定的工程量计算规则完成工程量的计算。然而由于大量的人工建模工作，导致工程量的计算过程耗时耗力，如果预算人员对图纸的理解有误，还会导致工程量计算结果出现错误。传统的软件由于受工作模式和技术的限制，无法对设计阶段的信息自动全面的利用，实现对设计信息的自动利用机制从根本上没有现实基础。本系统则通过设计造价一体化的方式来避免重复建模过程中可能出现的错误，同时通过汇总各个构件所带有的属性信息，包括材料、质量、高度等，进一步汇总出工程量清单，实现智能造价。

直接导入三维设计软件产生的三维模型，此时的三维模型中的各个构件均是设计时在标准库中选取的标准化设计模型，理论上来说可以直接读取三维模型自带的属性数据，筛选相应的定额，然后按照预算规范中规定的工程量计算规则，完成工程量的计算。

3. 定额自动套用

在实际预算工作中，实体项目的分部分项工程清单项目往往是预算工作的重点，也是与上下游软件共享的主要信息。在造价平台中，利用设计模型属性信息进行工程量统计时，需要对设计模型属性信息进行识别和判断，从而确定某个模型应该对应于哪一条定额。但是，由于清单规范的信息组织和表达方式的限制，现有的输电工程概预算软件主要采用的是人工编制清单项目的处理方式。而要利用计算机进行智能化处理，需要对其信息组织方式进行一定的处理，使得其信息组织方式更加程序化，便于计算机对模型所包含的信息进行自动地识别和提取，同时能对应在定额库中筛选出相应定额。

基于设计信息语义库及内置的逻辑判别规则库的概念，建立了清单项目判别模型，见第3章图3-12。该模型是工程量统计时清单项目智能化生成的理论基础。在系统中，通过设计模型携带的工程信息，能够智能的在数据库中进行定额的筛选。

4. 建安费自动取费

建安工程费是建设项目总投资关键的组成部分，在整个建设项目总投资里面占比最高，建安费中直接工程费所包含的人工费、材料费和机械费对整个建安费用影响最大，而其他的费用项目有的可以直接以其为基础通过乘以相应费率计算得出。与其他的费用项目相比较，建安费受的影响因素较多，产生大变动的可能性高，在很大程度上会影响到建设项目总投资，为项目建设全周期带来巨大影响。在本系统中，通过工程信息的读取以及工程建设地政策等进行建安自动取费。某工程建安费取费表如图8-1所示。

5. 其他费用自动取费

系统中通过取费规则设定以及工程信息获取，可以直接得到相关费用的取费表。取费设置界面即可对当前项目的取费规则进行设置，通过费用汇总及编辑功能，还可以对示范项目的辅助费用、场地征用费、其他费用、工程费用等进行汇总，其中其他费用取费表如图8-2所示。

架空输电线路取费表

序号	费用名称	代码	取费基数	费率(%)	单位	备注
一	直接费	FFZ	FFZ1+FFZ2	100	元	
1	直接工程费	FFZ1	DFZ+ZZCF	100	元	
1.1	定额直接费	DFZ	RGF+CLF+JXF	100	元	
1.1.1	人工费	RGF	定额人工费	100	元	
1.1.2	材料费	CLF	定额乙供材料费不含税+定额甲供材料费含税	100	元	
1.1.3	施工机械使用费	JXF	定额机械费	100	元	
1.2	装置性材料费	ZZCF	JZZCF+YZZCF	100	元	
1.2.1	甲供装置性材料费	JZZCF	甲供主材费含税	100	元	
1.2.2	乙供装置性材料费	YZZCF	乙供主材费不含税	100	元	
2	措施费	FFZ2	DYF+YSF+SYF+TDF+LSF+ZYF+BZF	100	元	
2.1	冬雨季施工增加费	DYF	定额人工费	5.27	%	
2.2	夜间施工增加费	YSF	定额人工费	0	%	当架线类型为大跨越本体工程
2.3	施工工具用具使用费	SYF	定额人工费	4.98	%	
2.4	特殊地区施工增加费	TDF	定额人工费	0	%	
2.5	临时设施费	LSF	FFZ1-甲供材料进项税额-甲供主材进项税额	1.9	%	
2.6	施工机构迁移费	ZYF	定额人工费	3.26	%	
2.7	安全文明施工费	BZF	FFZ1-甲供材料进项税额-甲供主材进项税额	2.93	%	

图 8-1 某工程建安费取费表

序号	费用名称	代码	计算式	费率(%)
1	建设场地征用及清理费	A	建设场地征用及清理费	100
2	项目建设管理费	B	B1+B2+B3+B4+B5+B6	10
2.1	项目法人管理费	B1	本体工程费	1.17
2.2	招标费	B2	本体工程费	0.37
2.3	工程监理费	B3	工程监理费	100
2.4	设备监造费	B4		100
2.5	工程结算审核费	B5	本体工程费	0.35
2.6	工程保险费	B6		100
3	项目建设技术服务费	C	C1+C2+C3+C4+C5+C6+C7	100
3.1	项目前期工作费	C1	C11+C12+C13+C14+C15+C16+C17+C18+C19+C1A+C1B+C1C+C1D	100
3.1.1	可行性研究费用	C11		100
3.1.2	环境影响评价费用	C12		100
3.1.3	建设项目规划选址费	C13		100
3.1.4	水土保持方案调审费用	C14		100
3.1.5	地质灾害危险性评估费用	C15		100
3.1.6	地震安全性评价费用	C16		100
3.1.7	文物调查费用	C17		100
3.1.8	矿产压覆评估费用	C18		100
3.1.9	用地预审费用	C19		100
3.1.10	节能评估费用	C1A		100

图 8-2 其他费用取费表

6. 自动组价

通过自动组价功能,系统进入组价界面,且会根据已设置的完备分部分项信息属性集实现自动套定额。在此基础上,结合工程量以及定额子目包含的人工、材料和机械的消耗量和单价信息,自动计算出清单项目的综合单价。

对于未实现自动套定额的清单项目,系统提供了手动组价的功能。手动组价功能主要有两种方式,一种是直接设置清单项目的综合单价,另一种是给清单项目手动套用定额子目。在完成组价操作之后,系统还提供了对组价内容进行调整的功能。工程量清单计价模式下的综合单价由人工费、材料费、机械费以及管理费、利润及风险因素构成。对人工费、材料费和机械费的调整，主要有工料机批量换算和工料机单价修改功能。工料机批量换算是对人工、材料和机械的消耗量进行修改，从而改变清单项目的综合单价。而工料机单价修改则是通过工料机汇总及编辑界面，对人工、材料和机械的单价进行修改，从而改变综合单价。而管理费和利润的调整，则是通过设置管理费和利润的费率来完成，在该界面中直接设置管理费和利润的计算费率即可。

根据清单规范的要求，措施项目清单分为通用措施项目清单和可计算工程量措施项目清单两部分。通用措施项目清单按项进行计算，而可计算工程量措施项目清单则以清单的方式进行计算。通过措施项目主菜单下的添加、插入和删除子菜单，即可对措施项目清单和可计算工程量措施项目清单进行分别编制。自动组价后的取费表如图8-3所示。

序号	费用名称	代码	取费基数	费率(%)	单位
一	直接费	FFZ	FFZ1+FFZ2	100	元
1	直接工程费	FFZ1	DFZ+ZZCF	100	元
1.1	定额直接费	DFZ	RGF+CLF+JXF	100	元
1.1.1	人工费	RGF	定额人工费	100	元
1.1.2	材料费	CLF	定额乙供材料费不含税+定额甲供材料费含税	100	元
1.1.3	施工机械使用费	JXF	定额机械费	100	元
1.2	装置性材料费	ZZCF	JZZCF+YZZCF	100	元
1.2.1	甲供装置性材料费	JZZCF	甲供主材费含税	100	元
1.2.2	乙供装置性材料费	YZZCF	乙供主材费不含税	100	元
2	措施费	FFZ2	DYF+YSF+SYF+TDF+LSF+ZYF+BZF	100	元
2.1	冬雨季施工增加费	DYF	定额人工费	3.73	%
2.2	夜间施工增加费	YSF	定额人工费	0	%
2.3	施工工具用具使用费	SYF	定额人工费	4.98	%
2.4	特殊地区施工增加费	TDF	定额人工费	0	%
2.5	临时设施费	LSF	FFZ1-甲供材料进项税额-甲供主材进项税额	1.83	%
2.6	施工机构迁移费	ZYF	定额人工费	3.06	%
2.7	安全文明施工费	BZF	FFZ1-甲供材料进项税额-甲供主材进项税额	2.93	%
二	间接费	FFJ	GF+GLF+TSF	100	元
1	规费	GF	BZHF+GJJ+BXF	100	元
1.1	社会保险费	BZHF	定额人工费	100	%

图8-3 自动组价后的取费表

根据措施项目清单的组价方式不同，系统提供了与组价方式对应的组价功能。对于通用措施项目清单而言，主要有计算公式组价和实物量组价两种方式。而可计算工程量措施项目清单则包含计算公式组价、实物量组价和定额组价三种方式。

（1）计算公式组价。价格的计算方式是计算基础与费率的乘积。例如安全文明施工费等于分部分项人工费与费率的乘积。通过计算基础选择界面，可选择相应的计算基础。

（2）实物量组价。费用为消耗的人工、材料和机械子目的费用之和。通过工料机选择界面，选择消耗的人工、材料和机械子目，设置人工、材料和机械子目的消耗量即可。

（3）定额组价。费用是依据所套用的定额来计算的。定额子目可在定额子目列表中进行选择。

二、构建自动造价数据库

本系统根据数据的使用性质，将其分为了项目数据库和公共数据库两部分。其中项目数据库主要保存系统进行预算时产生的数据，例如生成的清单项目、工程量、价格等数据。而公共数据库则实现对公共数据的存储，包括清单库、定额库、规则库和属性集库，该部分数据库的内容比较固定，主要供查询和调用。数据库整体框架如图8-4所示。

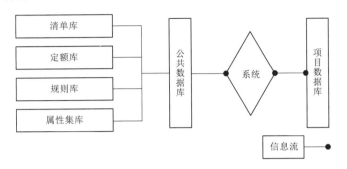

图8-4　数据库整体框架

1. 清单库

系统内嵌清单库实现的功能有：定义清单项目划分的专业信息；定义清单项目所属章节；定义清单项目具体信息；定义清单项目特征项；定义清单项目特征项对应的特征值；定义清单项目的工作内容等。清单库目录如图8-5所示。

2. 定额库

定额库可以实现的功能有：定义定额子目划分的专业信息；定义定额子目所属的章节信息；定义定额子目的基本信息；定义定额子目包含的资源费用信息；定义定额子目包含的资源含量信息；定义资源子目的基本信息；定义三材类别的分类信息；定义三材类别的匹配值；定额资源所属章节信息；定义费用类型；定义定额子目的工作内容等。定额库属于网络数据库，数据库中的内容共享。利用 MySQL 数据库建立概、预算定额数据库，其中概算定额数据库如图8-6所示。

3. 规则库

规则库按照电力造价相关的社会、行业规则进行编制，其能实现的功能有：定义费率的基本信息；定义计算规则适用的专业信息；定义建筑产品的类别；定义计算规则需要的建筑产品细化类别；定义建筑产品细化分类与清单项目或者定额子目之间的对应关系；定义细化分类之间的扣减关系等。所有这些规则在社会及行业中通用，平台还允许技经人员根据实际项目工程情况对规则库进行自编辑或者修改参数。

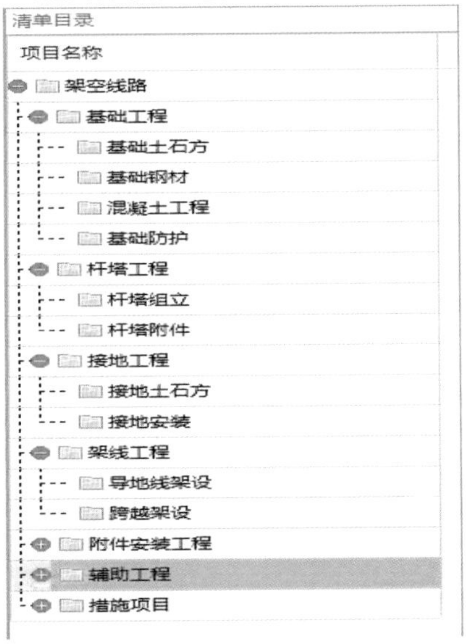

4. 属性集库

平台内嵌的属性集库可以实现的功能有：定义属性集划分的专业；建筑产品分类；建筑产品的细化类别；定义建筑产品细化分类和属性集之间的映射关系；定义属性集的列表信息；定义属性集的详细内容；定义属性类别；定义基本设置中包含的信息；定义输入的招标方编制信息；定义输入的投标

图8-5　清单库目录

图 8-6 概算定额数据库

方编制信息；定义编制的工程量清单的基本信息；定义模型中包含的实体建筑构件信息；定义清单项目的特征值；定义清单项目的工作内容；定义对建筑构件设置的施工属性；定义清单项目挂接的定额子目信息；定义各个定额子目包含的资源信息等。相关装置性材料数据库如图 8-7 所示。

图 8-7 装置性材料数据库

5. 项目数据库

项目数据库中可实现的功能有：定义汇总后各费用的基本信息；定义措施项目清单编制的基本信息；定义其他项目清单编制的基本信息；定义暂列金额清单编制的基本信息；定义专业工程暂估价编制的基本信息；定义计日工编制的基本信息；定义总承包服务费编制的基本信息；定义规费编制的清单；定义税金编制的清单；定义预算过程中的人工、材料和机械子目消耗量；定义报表的类型等。

三、智能造价系统架构及功能设计

为了实现通用造价模板管理及工程造价自动编制系统，研究了系统功能架构、软件部署架构、功能模块、数据交互流程等实现方案。系统功能架构主要研究通用造价模板管理及工程造价自动编制系统的功能架构层级，比如主体架构分为系统服务层、数据层、业务功能层，而业务功能层又分为平台业务层和功能业务层等。软件部署架构主要研究通用造价模板管理及工程造价自动编制系统的部署环境相关内容。功能模块主要研究通用造价模板管理及工程造价自动编制系统的具体功能的模块划分方式及模块具体内容。数据交互流程主要研究通用造价模板管理及工程造价自动编制系统的数据在各个功能模块间的传递方式和具体数据的流向。

根据需求报告，进行该系统的方案设计工作，包括系统部署图设计、整体框架设计、系统原型设计、业务模块设计。其中业务模块设计主要包括新建工程、成果导入、校验模块、算量、计价编制和调整、成果管理等。

开发具体模块，包括创建造价工程、设计信息的导入功能、模型和数据信息校验功能、三维模型的算量分析、造价的自动编制、通用造价管理、造价对 BIM 现场管理系统数据对接模块等，完成通用造价模板管理及工程造价自动编制的开发。

根据各类需求分析报告以及实际调研成果完成定额库、价格信息库、构件库、计算规则库、项目划分库、费用模板库等的数据录入。

测试设计信息导入的完整性和正确性、通用造价模板管理的有效性、工程造价自动编制的正确性及验证各类不同构件算量的正确性和精准性。

本系统基于互联网的程序全部用 Java 编写，并且使用了 SQL 数据库。可实现对设计阶段三维模型携带数据的导入，从而可以实现对设计阶段信息高效准确的利用。

预算功能模块整体考虑了施工图预算和施工图预算的实现过程，并据此建立了预算模块。本研究针对系统的使用情形，对主要流程进行了设计。系统的使用情形包括编制工程预算及造价。输电线路工程预算功能模块示意图如图 8-8 所示。

系统部署图设计和整体框架设计如图 8-9、图 8-10 所示。

1. 系统服务层

系统服务层主要支撑业务功能的实现，三维造型库解决三维模型的创建，渲染引擎完成造价三维模型的展示，数据库引擎支撑业务数据的存储，报表服务方便根据相关需求自动出报表。

2. 数据层

数据层起到底层数据支撑作用，并管理通用造价模板管理及工程造价自动编制系统相关的设计成果数据、定额库、通用造价库、价格信息库、计算规则库、项目划分库、构件库、费用模板库。

3. 业务功能层

业务功能层主要包括平台业务层和功能业务层两大模块。

（1）平台业务层。

平台业务层主要维护通用造价模板管理及工程造价自动编制系统所需要的基本数据的

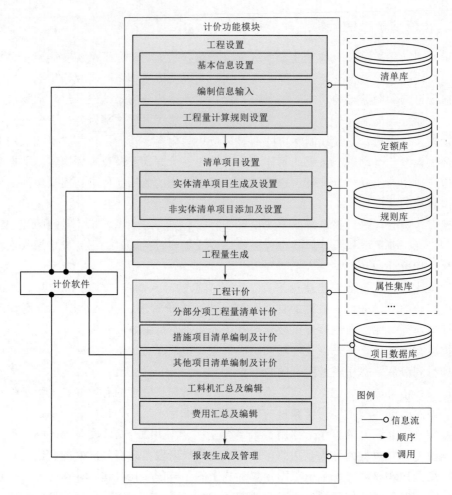

图 8-8　输电线路工程预算功能模块示意图

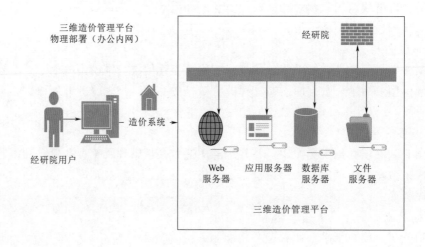

图 8-9　系统部署设计图

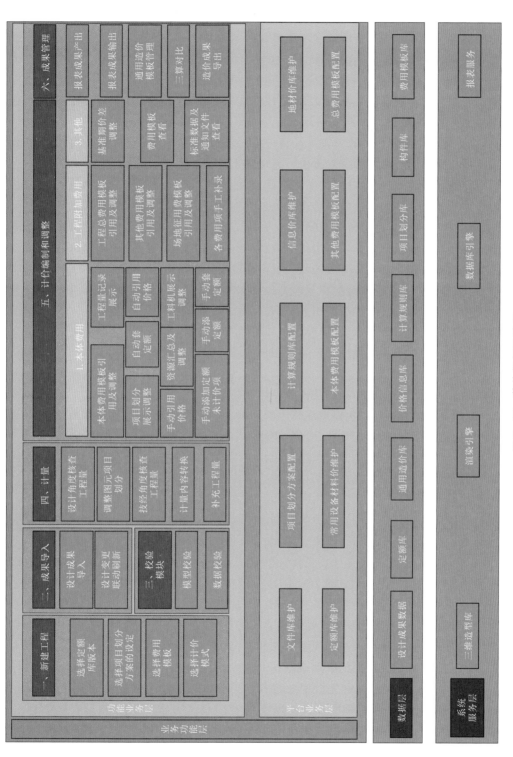

图 8 - 10　整体框架设计图

维护工作，主要包括十类信息的维护，具体如下：

1）文件库维护。文件库维护提供各种造价相关的法律法规文件及行业文件的管理功能，比如概算、预算、工程量清单在不同模式下的相关文件，信息价发布的文件等，方便用户及时查阅相关文件辅助造价工作。

2）项目划分方案配置。项目划分方案配置主要完成根据研究成果中的各类典型工程的典型项目划分方案的维护，比如 220kV 户内变电站的项目划分方案、110kV 户外变电站的项目划分方案。

3）计算规则库配置。计算规则库配置根据各类构件不同的计量方式为构件配置计算规则，并根据对应的计算规则书写算法，完成各类构件的算量提取。

4）信息价库维护。信息价库维护将信息价文件中各类构件根据分类和属性进行价格的维护，将法规文件转换成有效的信息数据，方便用户为工程量进行信息价的套取。

5）地材价库维护。地材价库根据地区分类，维护各地区所发布的地材价，将地材价信息根据地区、时间进行维护，并把相关地材价格的信息转成有效的信息数据进行维护，方便用户查找地材价。

6）定额库维护。定额库维护将《电力建设工程概算定额》《电力建设工程预算定额》分年版进行维护，并分析套定额的相关规则，维护定额套取相关的规则库。

7）常用设备材料价维护。常用设备材料价维护将常用设备材料价格的决定因素转换成有效的数字信息维护在数据库中，方便用户查找套取设备材料价。

8）本体费用模板配置。主要完成本体费用相关的费用项及费用计算规则的维护，完成本体费用相关费用项的自动计算及本体费用报表的生成。

9）其他费用模板配置。主要完成其他费用相关的费用项及费用计算规则的维护，完成其他费用相关费用项的自动计算及其他费用报表的生成。

10）总费用模板配置。主要完成总费用相关的费用项及费用计算规则的维护，完成总费用相关费用项的自动计算及总费用报表的生成。

（2）功能业务层。

功能业务层主要完成与用户相关的功能实现，主要包括：新建工程、成果导入、校验模块、计量、计价编制和调整、成果管理六大模块。具体如下：

1）新建工程。新建工程支撑技经人员创建造价工程，并设定造价工程相关的必要信息，比如工程所采用的计价模式选择、定额库版本的选取、工程典型项目划分方案的设定，费用模板的选择等，同时也支持技经人员添加必要的计价信息。

2）成果导入。成果导入包括设计成果导入造价工程和设计变更的联动刷新造价工程两个功能模块，设计成果导入包括模型信息和数据信息的导入，设计变更的联动刷新同样包括模型信息和数据信息变更的联动刷新。

3）校验模块。校验模块分为模型校验和数据校验，模型主要校验 BIM 三维设计成果中的三维模型的深度是否满足要求，以及模型的表达方式是否正确。数据校验主要验证 BIM 三维设计成果中构件相关的分类及属性的完整性，以及是否缺少必要的数据信息等。

4）计量。计量负责从技经角度提取各种类型构件相关的工程量、不同类型工程量之间的转换关系，比如由体积和密度得出质量相关工程量、调整工程量所在的项目划分。

5）计价编制和调整。计价编制和调整实现工程造价自动编制相关需求，包括套取定额、套信息价、地材价、手动补项、各种费用的计算等。

6）成果管理。成果管理包括：造价工程报表成果的产生以及输出；造价工程图形信息、数字信息的整体输出；通用造价模板的管理和三算对比功能。

开发具体模块，包括创建造价工程、设计信息的导入功能、模型和数据信息校验功能、三维模型的算量分析、造价的自动编制、通用造价管理、造价对 BIM 系统数据对接模块等，完成通用造价模板管理及工程造价自动编制的开发。

根据各类需求分析报告以及实际调研成果完成定额库、价格信息库、构件库、计算规则库、项目划分库、费用模板库等的数据录入。

测试设计信息导入的完整性和正确性、通用造价模板管理的有效性、工程造价自动编制的正确性及验证各类不同构件算量的正确性和精准性。

第二节　设计与造价一体化

通过 GIM 三维设计软件进行三维模型设计，并对三维模型进行赋息，便于将设计模型信息提取到造价平台。完成设计模型信息的提取和转换后，将数据信息映射到造价平台中，在造价平台进行工程量统计，得到工程费用导出相关报表。设计人员利用此平台在进行输电线路造价时，能够准确高效的得出最终造价，避免大量重复繁琐的工作，实现电力造价从数字造价的编辑方式到模型造价编辑方式的转变。若要实现设计模型与造价平台的数据转换和信息流通，需开发模型数据共享插件，数据共享插件主要用来实现设计模型信息的提取和所提取的信息到造价平台的映射两大功能。设计与造价一体化构想的流程如下：

（1）设计人员通过三维设计软件运用标准化模型进行输电线路工程设计，并对模型信息数据进行提取和转换，生成造价平台支持的工程数据文件。

将输电线路三维设计模型构件根据构件类型，梳理划分为颗粒度为最小的高内聚、低耦合的图形构件单元，每个构件单元有唯一的内部编码进行识别，并具备相应的属性信息集合，规范输电线路三维设计模型的颗粒度及其模型属性信息模型层级及隶属关系、模型属性信息的输出逻辑与输出格式。使其成为能够直接拿来用、不必复查的模型，将其称为"标准化设计模型"，并建立标准化设计模型库。

根据输电线路工程特点，将三维图形构件对象予以分类，并划分为不同层级。具体分为导线、杆塔、基础、接地、附件等几大类。每一大类划分为若干小类。分类能体现出构件的类型、构件层级、构件隶属关系等。这些构件逻辑关系和造价需要的数据信息进行逻辑对应，并通过属性信息的方式存储和输出。

同时，对于输电线路工程当中的土质比例、地形系数、运输、跨越等信息，根据三维图纸，分析整理出这些数据可行的输出内容、输出方式、输出格式，对应造价相关的数据需求和数据提取，数据提取包括层次信息和构件信息的提取。

1）设计模型层次信息的提取。需要将设计中的结构化数据转化为造价模型数据，完成工程信息、楼层信息、轴网信息和构件模板信息等的转换。

2）设计模型构件信息的提取。为了实现构件信息的转换，需要提取构件中的图元信息和参数信息，用于分析构件的具体属性、辅助分析并抽象出几何原型数据。

（2）将设计模型数据采用关键字识别法映射到造价平台。遍历设计模型的构件名称是否与造价平台库中的一致，映射规则包括构件名称映射规则和构建几何信息映射规则。在映射规则下，只有设计与造价平台之间的名称一致才可进行提取和映射，实现三维设计软件与造价软件的数据无缝结合与深度融合。

1）数据采集及转换。在设计阶段已经完成了数据的提取与转换，生成了造价平台支持的信息数据。

2）数据映射。采用关键字识别法将数据信息映射到造价平台，所遵循的映射规则已经设置完成。

3）数据存储。保存处理后的数据信息，以便随时进行调用、检查及修正等操作。

平台之间的数据融合包含模式匹配和实体匹配两个必要的步骤。模式匹配是找到 2 个数据源中相同的模式（一般由多个属性组成）；实体匹配则是找到 2 个数据源中代表同一实体的记录。软件中规范设计平台和造价平台两方数据的属性信息及输出、输入格式，输电线路工程造价涉及的数据信息量大且交互复杂，为了实现数据安全以及高水平的传输效率，抛弃了传统的造价软件，通过导入 Excel 材料信息表的方式与设计软件的结合方式，制定了新的模型化、结构化的数据交互格式与交互标准。另外定义了新的数据交换模型，并设计出了两个平台数据交换所需要的统一接口，以 XML 格式组装模型数据格式，实现了异构系统之间的数据交换，并且其可定义的数据类型是无限的，用户如有需要可以根据自己的需求自定义标记，最终达成了造价平台与三维设计的深度融合，关联的数据覆盖面更广，信息更丰富的目标。数据的传输在后台全部完成，技经人员无需通过图纸进行识别、核对与计算。三维输电线路设计软件只要输出符合此技术规范的数据，造价平台就能自动接收，三维输电线路设计完成后，工程造价相关数据自动产生。

（3）利用造价平台中内置的规则库，制定三维设计模型信息与物料、定额、清单项、工程量之间的对应与匹配关系，达到根据三维模型生成造价计算成果的目的。

1）根据设计的三维构件分类和造价实际的数据需求，研究物料编码的编码格式，根据物料编码和构件编码将设备材料划分为导线、杆塔、基础、接地、附件、辅助等几大类，并根据三维设计平台的构件和安装方式建立三维构件信息表、三维构件属性信息表、计算参数表。

2）将所有标准模型构件对应各自的编码，并通过编码识别出各构件的不同的多个限定条件，在数据库中筛选相应定额并提取出来，将定额与工程量相关联，研究三维图形建模软件输出的图形构件对象属性与工程量、造价计算的数据关系，把这种格式化逻辑关系内置在系统中，达到根据三维图形生成造价计算成果的目的。

3）分析 WBS 编码、三维构件信息、物料编码与定额子目、清单项的逻辑关系，将这种逻辑关系形成逻辑规则，形成对应数据库。逻辑规则和三维设计模型及模型属性相关联，计算造价时，根据三维设计模型的数据输出和逻辑关系库，在编辑造价中自动关联、自动套取相关定额与清单项，提高造价编制的速度与精确度，把造价工作人员从繁重的图形识别和数据提取计算中解放出来。

为了避免出现逻辑规则库不能满足实际架空输电线路设计造价工程的情况，逻辑规则库具有二次编辑机制，可以对自动生成的逻辑规则做标识，必要时可以人工修改对应规则和对应数据库。当设计出现变更时，只需要改动设计软件中的数据，无需进行其他操作，即可得到变更后的造价。

输电线路三维设计与造价一体化平台实现的路径流程如图 8-11 所示。

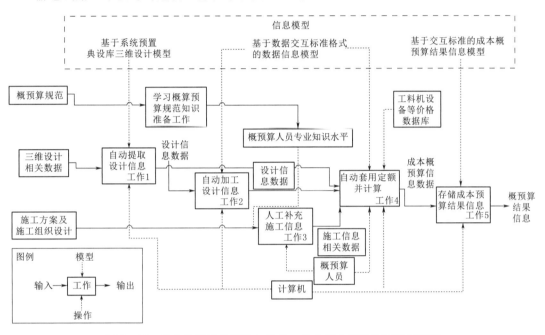

图 8-11 输电线路三维设计与造价一体化平台实现的路径流程图

第三节 创 新 与 特 色

1. 创新三维设计造价一体化工作模式

以三维线路设计软件及三维模型为基础，融入造价属性及造价计算标准，集成设计技经全量数据信息，在三维设计场景中融入造价计算，实现自动提取工程量、自动计算工程造价、提升设计人员限额设计意识、开创三维设计造价一体化编制的新模式。

2. 融化技术技经接口矛盾并突破设计造价技术瓶颈

通过设计-造价模型转换，工程量提取、计价标准植入等方式，达到设计与造价的协调与自动化，实现三维设计中自动算量、计量、计价功能，规避了上游设计人员提交三维模型深度不满足造价要求的问题，融化设计与造价专业近 20 年接口矛盾，降低技经人员的工作量，提高造价编制的工作效率。

3. 提出三维设计模型属性与定额自动套取方法

研究三维图形建模软件输出的图形构件对象属性与工程定额、造价计算的数据关系，把这种格式化逻辑关系内置在系统中，自动套取定额和组价，快速输出，达到根据三维图形生成造价计算成果的目的。

输电线路智能设计与造价案例

第九章

一、工程概况

线路架设：新建单回路路径长为 0.113km，新建双回路路径长为 4.495km。
导线架设：导线采用单根 JL3/G1A－400/35 型钢芯铝绞线。
地线架设：地线采用 2 根 48 芯 OPGW－13－90－2 光缆。
绝缘附件：选用 U70BP/146D、FU70BP/146D、FXBWT10/70－3 绝缘附件。
杆塔组立：新建耐张塔 12 基，直线塔 6 基，三联钢管杆 1 基。
基础类型：灌注桩基础、现浇基础。
全线地形：平地 100％。

二、系统应用

对三维设计与造价一体化软件的主要功能进行展示，包括通过软件进行三维设计、查看预览造价、导出造价文件、打开造价文件、确认和补充造价信息、报表输出等。

1. 三维设计

根据前面的介绍，在设计人员充分理解整体设计的基础上，利用本系统的三维设计部分进行工程的三维设计。

（1）打开三维图纸。双击进入软件，找到软件顶端标题栏的【打开】按钮，点击鼠标左键，选择需要导入的三维图纸，三维图纸打开界面如图 9－1 所示。

（2）进行三维图纸展示及相关设计工作。该平台通过构建三维仿真情景，将输电线路中的导线、杆塔、基础、接地、附件等展示在页面上，并附带各部分的数据资料，三维图纸展示界面如图 9－2 所示。系统涵盖线路全业务的设计功能，包括智能路径规划、智能电气设计、智能结构设计等，设计人员可以通过本系统的三维设计部分进行输电线路工程设计。设计功能满足可研、初步设计、施工图设计、竣工图设计不同阶段的设计深度要求。

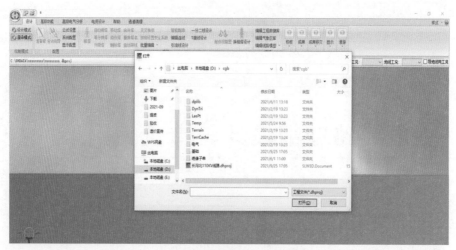

图 9-1 三维图纸打开界面

图 9-2 三维图纸展示界面

（3）设计过程中实时造价预览。对三维模型的属性数据进行直接读取，通过系统内置的逻辑规则库，系统后台自动进行材料和工程量的计算与统计，在设计过程中能够进行实时造价预览。查看工程造价界面如图 9-3 所示，界面中显示的是线路段需要统计的塔信息。

（4）造价结果展示。本系统对所有构件的工程量进行汇总，汇总后得到成本项目的工程量，通过调取数据库中的相关系数自动组价，计算得到架空线路工程的造价。设计造价一体化界面如图 9-4 所示，包括本体工程中的基础工程、杆塔工程、接地工程、架线工程和附件安装工程五部分的金额、各项占静态投资百分比和单位投资。

（5）导出造价文件，提交技经人员。点击【另存为】，可以选择文件保存的类型、位置，修改文件的名称，然后点击保存，即可导出造价文件，造价文件导出界面如图 9-5 所示。文件导出后，将造价文件提交给技经人员，进行进一步的补充和审核。

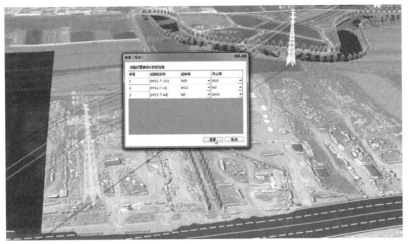

图 9 - 3　查看工程造价界面

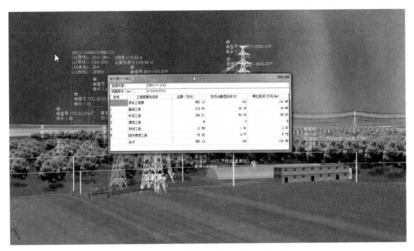

图 9 - 4　设计造价一体化界面

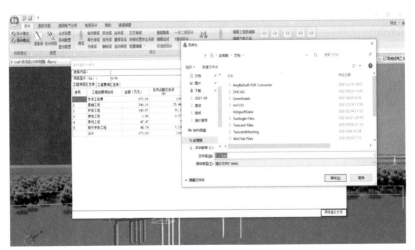

图 9 - 5　造价文件导出界面

2. 造价一体化

（1）造价信息确认。技经人员打开造价文件后，需要对造价信息进行确认，梳理工程信息数据，对于三维设计阶段缺少的信息，需要进一步补充。架空输电线路工程的基本信息界面、组合件界面和线路工程量界面分别如图9-6～图9-8所示。

（2）相关费用处理。点击进入取费设置界面，即可对当前项目的取费规则进行设置，通过费用汇总及编辑功能，还可以对一些费用的费率、计算方式进行修改设置，费用处理界面如图9-9所示。

（3）生成造价成果。完成上述工作后即可导出相应报表，生成最终的造价成果。本系统可输出多种样式的造价报表，并且系统还提供了报表的预览、打印和输出为 Excel 表格等功能。造价成果界面如图9-10所示。

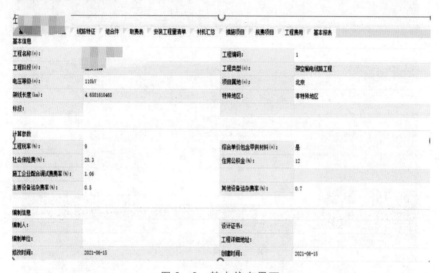

图 9-6 基本信息界面

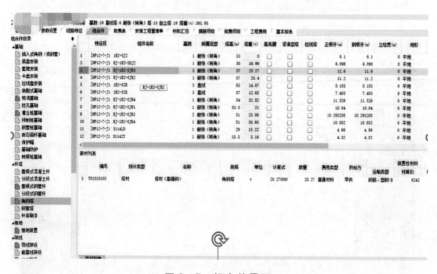

图 9-7 组合件界面

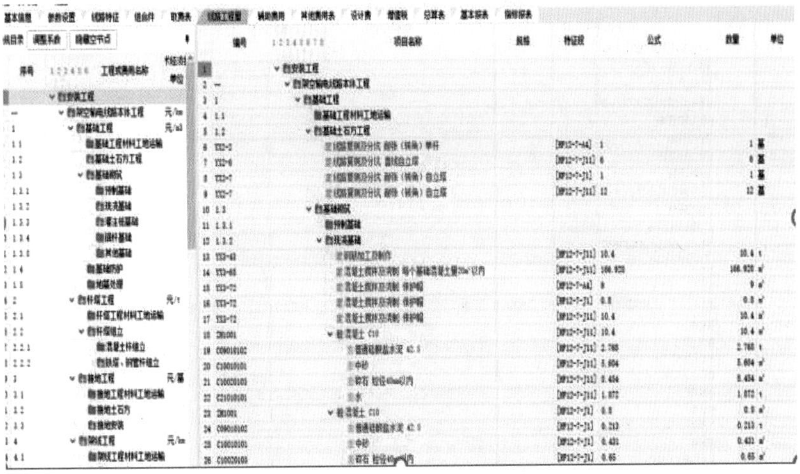

图 9-8　线路工程量界面

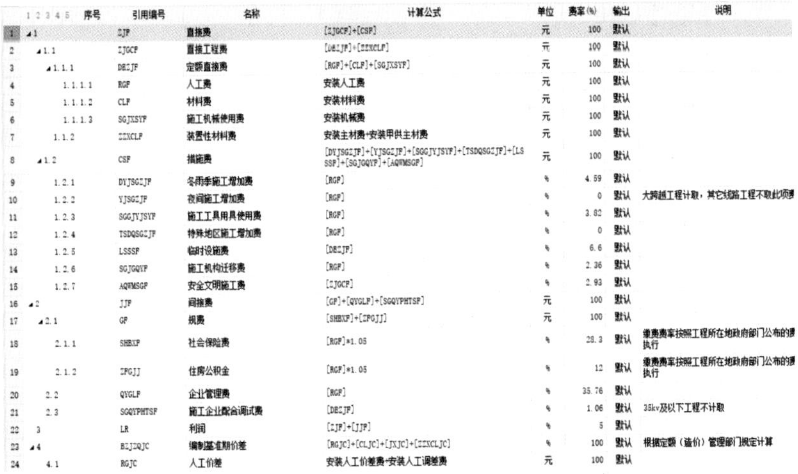

序号	引用编号	名称	计算公式	单位	费率(%)	输出	说明
1	ZJF	直接费	[ZJGCF]+[CSF]	元	100	默认	
1.1	ZJGCF	直接工程费	[DEZJF]+[ZZXCLF]	元	100	默认	
1.1.1	DEZJF	定额直接费	[RGF]+[CLF]+[SGJXSYF]	元	100	默认	
1.1.1.1	RGF	人工费	安装人工费	元	100	默认	
1.1.1.2	CLF	材料费	安装材料费	元	100	默认	
1.1.1.3	SGJXSYF	施工机械使用费	安装机械费	元	100	默认	
1.1.2	ZZXCLF	装置性材料费	安装主材费+安装甲供主材费	元	100	默认	
1.2	CSF	措施费	[DYJSGZJF]+[YJSGZJF]+[SGGJYJSYF]+[TSDQSGZJF]+[LSSSF]+[SGJGQYF]+[AQWMSGF]	元	100	默认	
1.2.1	DYJSGZJF	冬雨季施工增加费	[RGF]	%	4.59	默认	
1.2.2	YJSGZJF	夜间施工增加费	[RGF]	%	0	默认	大跨越工程计取，其它线路工程不取此项费
1.2.3	SGGJYJSYF	施工工具用具使用费	[RGF]	%	3.82	默认	
1.2.4	TSDQSGZJF	特殊地区施工增加费	[RGF]	%	0	默认	
1.2.5	LSSSF	临时设施费	[DEZJF]	%	6.6	默认	
1.2.6	SGJGQYF	施工机构迁移费	[RGF]	%	2.36	默认	
1.2.7	AQWMSGF	安全文明施工费	[ZJGCF]	%	2.93	默认	
2	JJF	间接费	[GF]+[QYGLF]+[SGQYPHTSF]	元	100	默认	
2.1	GF	规费	[SHBXF]+[ZFGJJ]	元	100	默认	
2.1.1	SHBXF	社会保险费	[RGF]*1.05	%	28.3	默认	缴费费率按照工程所在地政府部门公布的费执行
2.1.2	ZFGJJ	住房公积金	[RGF]*1.05	%	12	默认	缴费费率按照工程所在地政府部门公布的费执行
2.2	QYGLF	企业管理费	[RGF]	%	35.76	默认	
2.3	SGQYPHTSF	施工企业配合调试费	[DEZJF]	%	1.06	默认	35kV及以下工程不计取
3	LR	利润	[ZJF]+[JJF]	%	5	默认	
4	BZJZQJC	编制基准期价差	[RGJC]+[CLJC]+[JXJC]+[ZZXCLJC]	%	100	默认	根据定额（造价）管理部门规定计算
4.1	RGJC	人工价差	安装人工价差+安装人工调差	元	100	默认	

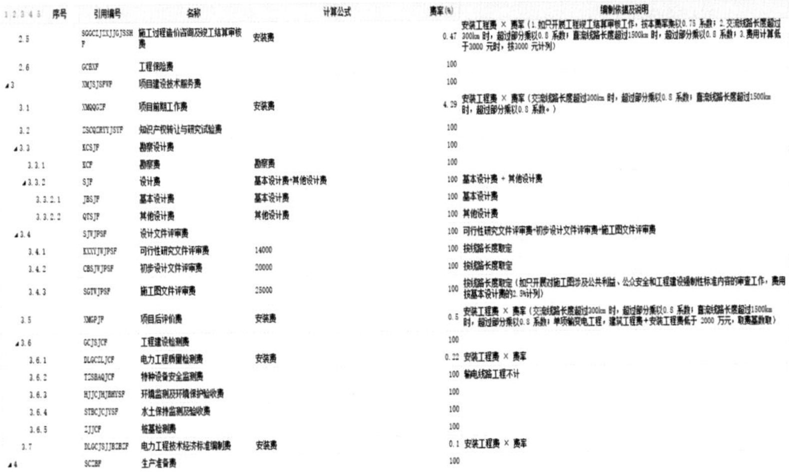

序号	引用编号	名称	计算公式	费率(%)	编制依据及说明
2.5	SGGCJZXJJGJSSHF	施工过程造价咨询及竣工结算审核费	安装费	0.47	安装工程费 × 费率（1.如只开展工程竣工结算审核工作，按本费率乘以0.75 系数；2.交流线路长度超过300km 时，超过部分乘以0.8 系数；直流线路长度超过1500km 时，超过部分乘以0.8 系数；3.费用计算低于3000 元时，按3000 元计列）
2.6	GCBXF	工程保险费		100	
3	XMJSJSFWF	项目建设技术服务费		100	
3.1	XMQQGZF	项目前期工作费	安装费	4.29	安装工程费 × 费率（交流线路长度超过300km 时，超过部分乘以0.8 系数；直流线路长度超过1500km 时，超过部分乘以0.8 系数。）
3.2	ZSCQZRYJSYF	知识产权转让与研究试验费		100	
3.3	KCSJF	勘察设计费		100	
3.3.1	KCF	勘察费	勘察费	100	
3.3.2	SJF	设计费	基本设计费+其他设计费	100	基本设计费 + 其他设计费
3.3.2.1	JBSJF	基本设计费	基本设计费	100	基本设计费
3.3.2.2	QTSJF	其他设计费	其他设计费	100	其他设计费
3.4	SJWJPSF	设计文件评审费		100	可行性研究文件评审费+初步设计文件评审费+施工图文件评审费
3.4.1	KXXYJWJPSF	可行性研究文件评审费	14000	100	按线路长度取定
3.4.2	CBSJWJPSF	初步设计文件评审费	20000	100	按线路长度取定
3.4.3	SGTWJPSF	施工图文件评审费	25000	100	按线路长度取定（如只开展对施工图涉及公共利益、公众安全和工程建设强制性标准内容的审查工作，费用按基本设计费的2.5%计列）
3.5	XMHPJF	项目后评价费	安装费	0.5	安装工程费 × 费率（交流线路长度超过300km 时，超过部分乘以0.8 系数；直流线路长度超过1500km 时，超过部分乘以0.8 系数）单项输变电工程，建筑工程费+安装工程费低于 2000 万元，取费基数取）
3.6	GCJSJCF	工程建设检测费		100	
3.6.1	DLGCZLJCF	电力工程质量检测费	安装费	0.22	安装工程费 × 费率
3.6.2	TZSBAQJCF	特种设备安全监测费		100	输电线路工程不计
3.6.3	HJJCJHJBHYSF	环境监测及环境保护验收费		100	
3.6.4	STBCJCYSF	水土保持监测及验收费		100	
3.6.5	ZJJCF	桩基检测费		100	
3.7	DLGCJSJJBZBZF	电力工程技术经济标准编制费	安装费	0.1	安装工程费 × 费率
4	SCZBF	生产准备费		100	

图 9-9　费用处理界面

序号	工程或费用名称	费用金额	各项占静态投资（%）	单位投资（万元/km）	WBS识别码
1	一 架空输电线路本体工程	677.69	86.78	145.48	
4	二 辅助设施工程				
5	小计	677.69	86.78	145.48	
6	三 其中：编制基准期价差	2.18	0.28	0.47	
7	四 设备购置费				
8	五 其他费用	91.66	11.74	19.68	
10	六 基本预备费	11.54	1.48	2.48	
11	七 特殊项目				
12	工程静态投资（一～七项合计）	780.89	100	167.64	
13	八 动态费用				
16	工程动态投资（一～八项合计）	780.89		167.64	
17	其中：可抵扣增值税额	60.84		13.06	

序号	工程或费用名称	取费基数	费率（%）	基础工程	杆塔工程	接地工程	架线工程	附件工程
1	一 直接费		100	1,996,834	2,845,736	3,818	295,296	307,245
2	1 直接工程费		100	1,916,854	2,735,561	3,681	255,445	272,205
3	1.1 定额直接费		100	162,973	193,770	224	255,445	176,611
4	1.1.1 其中：人工费		100	120,108	160,019	137	143,977	143,065
5	1.1.2 材料费		100	12,137	2,298	5	31,805	1,351
6	1.1.3 机械费		100	21,728	31,453	82	79,863	32,195
7	1.2 装置性材料费 单位：元		100	1,754,881	2,541,791	3,457		95,594
8	2 措施费		100	79,980	110,175	137	39,851	35,040
9	2.1 冬雨季施工增加费		4.89	5,513	7,345	6	6,609	6,567
10	2.2 夜间施工增加费（大跨越）							
11	2.3 施工工具用具使用费		3.82	4,888	6,113	5	5,500	5,465
12	2.4 特殊地区施工增加费							
13	2.5 临时设施费		6.6	10,822	12,789	15	16,859	11,656
14	2.6 施工机构迁移费		2.36	2,835	3,776	3	3,398	3,376
15	2.7 安全文明施工费		2.93	56,222	80,152	108	7,488	7,976
16	二 间接费		100	95,813	136,989	109	115,118	113,570
17	1 规费		100	50,924	67,712	88	60,924	60,533
18	1.1 社会保险费		28.3	35,690	47,550	41	42,783	42,512
19	1.2 住房公积金		12	15,134	20,162	17	18,141	18,026
20	2 企业管理费		33.76	42,951	57,223	49	51,436	51,160
21	3 施工企业配合调试费		1.06	1,736	2,054	2	2,708	1,872
22	三 利润		5	104,717	145,636	196	20,521	21,041
23	四 编制基准价差		100	4,262	5,917	4	4,545	5,288
24	1 人工价差		100	4,684	6,241	5	5,615	5,590
25	2 材料价差		100	-117	-22		-303	-13
26	3 机械价差		100	-305	-302	-1	-767	-309
27	4 装置性材料价差		100					
28	五 税金		100	198,299	281,455	371	39,193	40,240

序号	编制依据	项目名称及规格	单位	数量	单价				合价		
					装置性材料	安装费			装置性材料	安装费	
						合计	其中：人工费	其中：机械费		合计	其中：人工费
1		安装工程									
2		架空输电线路本体工程									
3		一 基础工程									
4		1.2 基础土石方工程									
5		线路复测及分坑									
6	YX2-2	线路复测及分坑 耐张（转角）单杆	基	1		50.86	22.57	1.45		51	23
7	YX2-6	线路复测及分坑 直线自立塔	基	6		76.56	41.76	2.58		459	251
8	YX2-7	线路复测及分坑 耐张（转角）自立塔	基	13		103.96	62.62	3.74		1,352	814
9		基础土石方工程【直接费小计】								1,862	1,088
10											
11	1	直接费	元			2,158				2,158	
12	1.1	直接工程费	元			1,862				1,862	
13	1.1.1	定额直接费	元			1,862				1,862	
14	1.1.1.1	人工费	元			1,088				1,088	
15	1.1.1.2	材料费	元			709				709	
16	1.1.1.3	施工机械使用费	元			65				65	
17	1.2	措施费	元			296				296	
18	1.2.1	冬雨季施工增加费	%	4.89		1,088				50	
19	1.2.3	施工工具用具使用费	%	3.82		1,088				42	
20	1.2.5	临时设施费	%	6.6		1,862				123	
21	1.2.6	施工机构迁移费	%	2.36		1,088				26	
22	1.2.7	安全文明施工费	%	2.93		1,862				55	
23	2	间接费	元			869				869	
24	2.1	规费	元			460				460	
25	2.1.1	社会保险费	%	28.3		1,142				323	

图 9－10　造价成果界面

三、数据验证

1. 工程量对比

示范项目参数与三维软件计算参数工程量对比见表 9－1。

表 9－1　　　　　　　示范项目参数与三维软件计算参数工程量对比

模块	示 范 项 目	三维软件计算参数
现浇基础	基数：16 钢筋量：10.4t 基础混凝土：166.93m³　地脚螺栓：0.912t 保护帽：0.2m³　垫层：13.44m³	基数：16 钢筋量：10.4t 基础混凝土：166.93m³ 地脚螺栓：0.9024t
灌注桩	孔数：59　钢筋量：172.3t　基础混凝土：2809m³ 保护帽：20.2m³　地脚螺栓：16.844t	孔数：57 钢筋量：172.292t 基础混凝土：2800m³ 保护帽：19.48m³　地脚螺栓：16.8384t
钢管杆	基数：1（三连杆） 杆重：36.9t	基数：3 杆重：36.9t
角钢塔	基数：18　塔重：361.95t	基数：19（有1基塔重为0） 塔重：361.95t
接地装置	基数：20　重量：0.822t	无
导线	长度：4 608km 线重：38.83t	长度：4.676km 线重：37.38t
光缆	长度：9.216km	长度：9.152km
附件	悬垂串：70　耐张串：178 跳线串：67 防震锤：248	悬垂串：72　耐张串：156 跳线串：66　防震锤：312

2. 初始造价费用对比

示范项目安装工程费为1219万元，三维软件计算输出安装工程费为810万元，造价费用金额差距较大。差异原因：需要技经人员二次补充完善相关内容。

3. 差异分析及信息完善

差异分析及信息完善信息见表9－2。

表 9－2　　　　　　　　　　　差异分析及信息完善信息

序号	调整模块	差 异 原 因	需要技经补充完善信息
1	运输	设计软件目前不能输出运输距离	将人力运输和汽车运输设置为 0.1km 和 5km
2	现浇基础	设计软件目前不能输出垫层信息，土质类型。 示范项目混凝土取第13项通用材料库预算价，软件取第18项材料库预算价造成价格差异	1. 补充垫层信息： 类型为素混凝土、厚为0.05、数量为0.84、垫层增宽0.05。 2. 土质类型：水坑100%。 3. 添加保护帽混凝土材料、添加垫层混凝土材料。 4. 材料预算价不一致，需要修改
3	灌注桩基础	设计软件目前不能输出机械推钻厚度。是否为商品混凝土需要技经人员判断。 示范项目混凝土取第13项通用材料库预算价，软件取第18项材料库预算价造成价格差异	1. 补充机械推钻厚度数据。 2. 孔径数据不一致，修改孔径 3. 混凝土需要标记为商品混凝土。 4. 材料预算价不一致，需要修改

续表

序号	调整模块	差 异 原 因	需要技经补充完善信息
4	杆塔刷漆杆塔标志牌	设计软件无法输出刷漆量、标志牌数量	1. 补充角钢塔刷漆 28.8t。 2. 补充杆塔标志牌数量及价格
5	交叉跨越	部分跨越信息不一致	1. 修改跨越一般公路（双向 6 车道）。 2. 修改跨越果园（经济作物）
6	接地装置	接地装置没有建模	1. 补充接地装置信息。 2. 补充水平接地体类型、长度、槽深、槽宽、电阻测量、土质类型
7	导线	引绳展放属于施工方法问题，设计软件无法输出。 造价端没有设计输出的导线型号，导致自动匹配的导线信息不一致	1. 补充引绳展放方式，引绳展放长度。 2. 补充场地平整（处）。 3. 修改导线单位线重、导线截面积。 4. 修改导线材料预算价
8	附件金具	部分附件金具，造价端没有设计输出的型号，导致自动匹配的价格信息不一致	1. 修改附件金具材料预算价。 2. 修改附件金具材料单重信息、运输类型、供给方
9	光缆	信息设计软件无法输出	补充单盘测量（轴）、接续（接头）、接续类型、全程测量（段）、每段长、修改芯数
10	其他	信息需要技经人员进行调整和判断	1. 修改部分材料供给方（甲供、乙供）。 2. 修改材料市场价，形成价差。 3. 修改部分材料运输类型。 4. 修改工程调差系数

4. 完善信息后造价费用比对

示范项目安装工程费为 1219 万元，三维软件计算后安装工程费为 1191 万元，差异百分比为（1219－1191）/1219×100％＝2.3％。

四、应用效果

系统对示范项目的应用的效果如下：

（1）利用该系统，得到了整体输电线路造价。结果表明，本系统提供的应用功能能够满足针对示范项目进行概算的要求，同时抛弃了传统的造价软件通过导入 Excel 材料信息表与设计软件结合的方式，制定了新的模型化、结构化的数据交互格式、交互标准，实现了与三维设计的深度融合。

（2）相对于国内现有的概算预算软件，本系统提高了相关人员的工作效率，减少了错误发生的概率。由于系统能够实现对设计数据、信息的直接利用，数据的传输在后台全部完成，技经人员无需通过图纸进行识别、核对与计算。三维输电线路设计软件只要输出符合此规范的数据，造价平台就能自动接收，实现三维输电线路设计完成后，技经工程数据自动产生，从而有效地减少了相关工作人员的工作量和错误发生的概率，提高了相关人员的工作效率和预算结果的准确性。

参 考 文 献

[1] 黄孝斌，王志龙，高雪，等. 虚拟现实技术的电力行业地理信息系统（GIS）设计 [J]. 信息技术，2021（7）：31-37.

[2] 封殿波. 地理信息系统在国土空间规划中的应用分析 [J]. 智能城市，2020，6：145-146.

[3] 温庆敏. 地理信息系统（GIS）在国土空间规划中的应用研究 [J]. 农业灾害研究，2021，11（4）：103-104.

[4] 黄正煌. 基于海拉瓦全数字化摄影技术的超高压输电线路施工技术探讨 [J]. 中国新技术新产品，2013（22）：66-67.

[5] 韦向高. 建筑信息模型 BIM 在建筑行业的应用 [J]. 四川建材，2021，47：36-37.

[6] 钱鹤轩. 基于建筑信息模型（BIM）的三维协同设计在施工组织设计中的应用 [J]. 河南科技，2021，40（13）：70-72.

[7] 李达耀，刘骁，朱英华. 基于建筑信息模型技术的建筑设计研究 [J]. 绿色科技，2021，23（4）：177-179.

[8] 丁宽. 以电网信息模型（GIM）技术构建智能电网信息共享平台研究 [J]. 中国设备工程，2020（2）：33-34.

[9] 王志英，张诗军，邓琨. 统一电网信息模型在南方电网的应用 [J]. 电力系统自动化，2014（5）：127，130，135.

[10] 黄东，杨涌. 基于物联网技术的智能电网信息模型研究 [J]. 山东工业技术，2015（6）：151.

[11] 段廷魁. 全球卫星定位系统（GNSS）在工程测量中的实践运用探索 [J]. 科技创新与应用，2021（5）：182-184.

[12] 李校雯，付宇彤，丁家圣. 浅谈全球卫星定位系统 GPS 发展 [J]. 通讯世界，2016（13）：69.

[13] 盛大凯，郄鑫，胡君慧，等. 研发电网信息模型（GIM）技术，构建智能电网信息共享平台 [J]. 电力建设，2013，34（8）：1-5.

[14] 胡君慧，盛大凯，郄鑫，等. 构建数字化设计体系，引领电网建设发展方向 [J]. 电力建设，2012，33（12）：1-5.

[15] 邱宗华，闫富强，李燕，等. 输变电工程造价智能分析云计算平台设计研究 [J]. 中国管理信息化，2017，20（1）：83-84.

[16] 曹建平，袁瑛，徐春华. 基于深度学习的输变电工程造价异常识别与应用 [J]. 工业控制计算机，2018，31（1）：117-118.

[17] 罗勋. BIM 技术在输变电工程造价管理中应用的推进策略 [J]. 科技资讯，2017，15（12）：34-35.

[18] 徐洪京. 基于人工神经网络的输变电工程造价预测研究 [DB/OL]. 中国优秀硕士学位论文全文数据库（电子期刊），2018（3）.

[19] 黄文德，张晓飞，庞湘萍，等. 基于北斗与数字孪生技术的智能电网运维平台研究 [J]. 电子测量技术，2021，44（21）：31-35.

[20] 黄文雯，韩璐，孙萌，等. 基于数字孪生的数字电网建设 [J]. 电子技术与软件工程，2021（22）：215-217.

[21] 陈学莲. 计算机人工智能技术应用分析和研究 [J]. 大众标准化，2021（18）：241-243.

[22] 陈晗阳. 大数据时代下人工智能技术的应用研究 [J]. 科技创新与应用，2021，11（25）：

177 - 179.

[23] 盛大凯. 输变电工程数字化设计技术 [M]. 北京：中国电力出版社，2014.

[24] 康健民，袁敬中，肖少辉，等. 基于分层模型的输电线路选线算法设计 [J]. 电力建设，2012，33 (4)：6-10.

[25] 袁敬中，于泓，蒋荣安，等. 面向电力选线的多级网格空间数据模型研究 [J]. 电力勘测设计，2011 (6)：64-68.

[26] 王守鹏，袁敬中，李红建，等. 浅谈输变电工程设计智能化转型 [J]. 华北电业，2020 (6)：54-55.

[27] 张成才. 智能化输电线路设计技术探讨 [J]. 机电工程技术，2015，44 (7)：186-188.

[28] 陈凯玲，沈鸿，顾闻，等. 基于输变电工程造价数据的智能化提取与集成技术研究 [J]. 项目管理技术，2020，18 (12)：136-141.

[29] 谢景海，贾祎轲，苏东禹，等. 基于云场景的输电线路全息数据平台构建方法研究 [J]. 微型电脑应用，2021，37 (11)：61-63，68.

[30] 陈星，忻渊中，赵文渊，等. 电网建设智慧前期平台多源异构数据融合模型 [J]. 电力学报，2022，37 (1)：76-83.

[31] 薛皓. 特高压直流输电线路导线选型研究及软件开发 [D]. 北京：华北电力大学，2016.

[32] 陈显龙，孙敏杰，陈晓龙，等. 移动智能终端在输电网三维设计中的应用与设计研究 [J]. 地理信息世界，2013 (6)：89-94.

[33] 张殿生. 电力工程高压送电线路设计手册（第二版）[M]. 北京：中国电力出版社，2018.